浙江省示范教材

服装材料识别与选购

季　荣　主编

陈　敏　张燕飞　副主编

中国纺织出版社

内 容 提 要

全书从服装从业者的认知及使用角度出发，根据工作过程逻辑展开，按典型工作岗位归纳、整合，进行实践为主的项目化设计。通过典型工作任务及大量实例和图片，使学生从对服装材料的初步认识，到能初步鉴别面料并测量其规格，评价其品质，最终可以合理选用服装材料。本书注重解决实际工作中的问题，同时尽可能结合前沿知识和应用，具有较强的实用性和可操作性。

本书可用作职业教育服装类专业教材或实践部分教材，也可作为服装企业技术人员、设计人员、跟单人员的参考书，对服装经营者及出口商品检验者都有参考价值。

图书在版编目（CIP）数据

服装材料识别与选购／季荣主编 .–– 北京：中国纺织出版社，2014.10（2023.7重印）

浙江省示范教材

ISBN 978–7–5064–8531–9

Ⅰ .①服 … Ⅱ .①季… Ⅲ .①服装—材料—高等职业教育—教材 Ⅳ .① TS941.15

中国版本图书馆 CIP 数据核字（2012）第 065795 号

策划编辑：范雨昕 责任编辑：王军锋 责任校对：梁 颖
责任设计：何 建 责任印制：何 建

中国纺织出版社出版发行
地址：北京市朝阳区百子湾东里 A407 号楼 邮政编码：100124
销售电话：010—67004422 传真：010—87155801
http://www.c-textilep.com
中国纺织出版社天猫旗舰店
官方微博 http://weibo.com/2119887771
三河市宏盛印务有限公司印刷 各地新华书店经销
2014 年 10 月第 1 版 2023 年 7 月第 6 次印刷
开本：787×1092 1/16 印张：12.75
字数：204 千字 定价：35.00 元

凡购本书，如有缺页、倒页、脱页，由本社图书营销中心调换

前　言

　　"衣食住行"是人类永恒的主题，"衣"排在首位。对于现代社会，人们穿着服装更多是象征着身份地位和对美的表达与追求。服装材料作为服装的载体，记录和承载了人类几千年来对美好生活的向往与追求。

　　服装材料涉及的范围很广，包括的品种极多，并且新产品、新功能不断涌现，流行周期日益缩短，这给人们识别面料带来了很大困难。对面料品种的认识，可以使我们对服装材料有一个系统的、总体的了解，以利于在服装设计时更好地选择和应用。

　　设计师对材料的运用，直接决定了产品的价值和销售利润。而合理选材的前提就是对面料的识别。毫无疑问，识别服装材料的根本目的不在于叫出面料的名称，而在于识别面料的特性、了解面料的功能、判定面料的品质、明确面料的用途。在服装设计、制作过程中，合理选材是首要的工作，但面辅料的正确使用也同样重要。而面料材质穿起来是否符合我们设计的服装的性能要求，面料的成分、规格能否使面料达到要求的品质，面辅料是否配伍良好，价格是否合理，都是必须考虑的问题。因此，学习一些识别面料的基本手段，掌握方便、简单、实用、有效的方法是非常有必要的。

　　本教材是根据浙江省示范课程建设的精神编写的。全书从服装从业者的认知及使用角度出发，针对服装产品的设计、裁剪、缝制、检验、销售等岗位的知识、能力的需求，介绍了面辅料识别与选用方面的知识。注重解决在面辅料选用过程中的问题，同时尽可能结合前沿的面料知识和应用方法。本书理论与实践紧密结合，实用性强，可操作性好，内容精炼、通俗易懂、形象直观，可为广大读者认识服装材料和为服装专业人员选用服装材料提供必要的帮助。

　　本书由浙江纺织服装职业技术学院教师季荣、陈敏、张燕飞、颜晓茵，及有多年企业工作经验的王雪君、郑金微共同编写完成。具体分工：课程导入、项目一、项目二、项目四由季荣、郑金微编写，项目三、项目五由陈敏、王雪君编写，项目六由张燕飞编写，项目七由颜晓茵编写。

　　本书由季荣担任主编，负责修改、统稿、定稿。

　　由于编者水平有限，错漏之处在所难免，敬请指正。本书编写中得到了浙江纺织服装职业技术学院的领导、同事及企业朋友的大力支持与帮助，在此表示衷心感谢。

编者

2014 年 7 月

目 录

课程导入

衣服（Garment、Clothing、Clothes）泛指身上穿的各种衣裳和服装。其本意是指防寒保暖、护身的介质。在现代社会，衣服成为人体的装饰物品，好、坏或贵、贱，更多的是象征品位（消费层次）和社会地位身份，但同时也起到了原始不变的基本功能，只是质地上有区别。对面料品种的认识，可以使我们对服装材料有一个系统的、总体的了解，以利于在服装设计时更好地选择和应用。

设计师对材料的运用，直接决定了产品的价值和销售利润。而合理选材的前提就是对面料的识别。毫无疑问，识别服装材料的根本目的不在于叫出面料的名称，而在于识别面料的特性、了解面料的功能、判定面料的品质、明确面料的用途。因此，在识别面料特点的基础上，还要掌握评价面料的能力。

在服装设计、制作过程中，合理选材是一项首要的工作。因此，学习一些识别面料的基本手段，掌握方便、简单、实用、有效的方法是非常有必要的。

一、纺织服装加工过程

服装材料不但是服装产品的物质基础，也是服装使用价值的功能基础和服装形象的风格基础。走进面料商店，我们可以看到，各种色彩、各种花纹图案、各种原料质地、各种手感风格、各种新颖的面料琳琅满目。布是怎么织的，服装是怎么做的呢？图 0-1 展示了从纤维到布料，再到服装的整个加工过程。

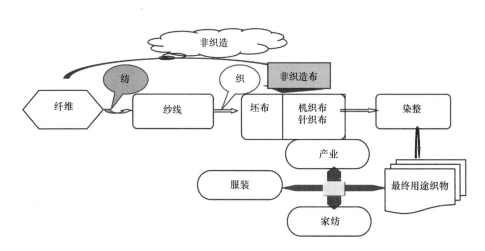

图 0-1　纺织服装加工过程

1. 纺织加工工艺流程

纺织加工工艺有如下流程：

纤维→纺纱→织布→染整→验布。

2. 服装生产流程

在大中型服装企业，其生产流程较为规范：面料→面料检验→首件生产工艺确认（对面料组织、颜色、手感等）、对款（检查衣服款式跟样板、资料是否一致）、度尺（量度尺寸）→裁剪→裁片检验→缝制→首次检针→全部检品→整烫→再次全数检品→包装→再次检针→总检→入库出运。

而在小型服装加工厂，则有所不同：打版→纸样→排版→裁剪（发现坏布去掉）→缝制（工人在制作中发现了坏片就即时补片）→周边线头处理→技术指导检品（不合格重做或废除）→整烫→再次全数检品→包装（再次检查）→入库出运。

3. 针织服装加工工艺流程

针织服装加工工艺有如下流程：

纺纱→编织→验布→裁剪→缝制→整烫→检验。

二、服装材料

我国是一个历史悠久的文明古国，纺织纤维的采集、生产和利用，纺织物的设计、制造、工业生产及其服用性能考核和艺术加工，均有悠久历史，成为我国灿烂文化中辉煌的一部分。在距今七千年以前的新石器时代古文化遗址中，已经发现了蚕茧、丝绸、苎麻布、大麻布、葛布等实物。在长期历史过程中，纺织原料经过长期不断地选种栽培、加工技术改进、纺织加工设备改进、纺织工艺技术改进，从而生产出了大量精美的、各种用途的产品。

棉、麻、丝、毛作为传统意义上的四大天然纤维，在服装应用史上已有几千年历史了。但19世纪末，化学纤维开始生产并迅速发展，20世纪中叶以来，合成纤维产量迅速增长，大有取代天然纤维的趋势，由于其热湿舒适性、手感、光泽和外观等性能差，常常充当低档廉价产品的角色，直至80年代末，天然纤维一直独霸高档服装面料市场。80年代后期以来，随着新性能的合成纤维和细特纤维制品问世，化学纤维产品在人们心目中的形象开始改变。如一些涤纶仿丝、仿毛产品的手感与外观酷似丝、毛织物，而且其洗涤可穿性、颜色优于天然纤维，因此深受消费者喜爱，从此进入高档服装面料市场。

1. 纤维

纤维（Fibers）是直径很细，长度又较细度（从几微米到几十微米）大很多倍（上百倍到上千倍），具有一定柔韧性的物质。服装用纺织纤维（Textile Fibre）是具有一定的强度、长度和柔韧性，及一定的可纺性能和服用性能的纤维。

（1）纤维的来源。纺织纤维包括天然纤维（Natural Fibre）和化学纤维（Chemical Fibre）。天然纤维是由自然界直接取得的纤维，主要包括纤维素纤维（Natural Cellulosic Fibre）、蛋白质纤维（Natural Protein Fibre）和矿物纤维（Mineral Fibre）。化学纤维是由人工加工制造成的纤维，包括再生纤维、合成纤维和无机纤维。再生纤维（Manufactured Fiber）也可叫人造纤维，是以天然的聚合物为原料，经过人工溶解或熔融再纺丝制成的纤维，包括再生纤维素纤维和再生蛋白质纤维；合成纤维（Synthetic Fibre）是以石油、煤、天然气及一些农副产品中所提取的小分子为原料，经人工合成得到高聚物，经溶解或熔融形成纺丝液，再经喷丝孔喷出凝固形成的纤维。具体如图0-2所示。

图 0-2　纤维的来源

（2）纤维的分类。

①按纤维的形态分类。

纤维按照长度，可分为长丝和短纤；按照截面，可分为圆形和异形纤维；按照粗细，可分为粗特纤维和细特纤维等，如图0-3所示。

②按纤维的性能分类。按照纤维的性能可分为弹性、亲水性、抗静电性、耐热性等纤维。

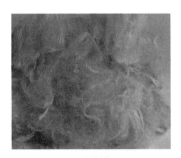
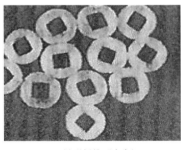
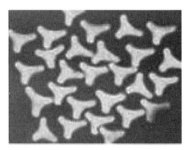

(a) 短纤维　　　　　　　　(b) 异形纤维（中空）　　　　　　(c) 异形纤维（三叶）

图 0-3　纤维的形态

2. 纱线

由纤维制成的纱线的种类也很多，按结构基本上可分为普通纱线、长丝和新型纱线三大类，按原料、形成方法等又可分为许多小类。

（1）普通纱线：它是用较短的纤维经过纺纱系统，使纤维重新排列、加捻形成连续的细长物体。它又可按结构特征分为单纱和股线（包括单捻股线、复捻股线等）。它可以由各种天然短纤维或化学短纤维混和或不混和纺成。

（2）长丝：它是天然的长纤维—（蚕丝）、化学纤维连续纤维的单根（称为单丝）或多根并合（称为复丝）制成的连续物体。它又可按原料品种、粗细等区分为许多小类。

（3）新型纱线：它包括采用新型纺纱方法（转杯纺纱、静电纺纱、喷气纺纱、尘笼纺纱、包缠纺纱、自捻纺纱等）用短纤维（或夹入部分长丝）纺成的单纱（或并合成的股线），也包括特种加工方法，如收缩膨体、刀边刮过变形、气流吹致变形等方法制造的长丝变形纱，以及特种纱线与普通纱线并合形成的新型股线等。

3. 织物

织物种类极其繁多，形态、花色、结构、原料等千变万化。仅从基本结构与构成方法，可粗分为五大类。

（1）机织物：机织物是用两组纱线（经纱和纬纱）基本上互相垂直交织成的片状纺织品。它又可按不同原料、织纹组织、颜色花型等区分为许多小类。

（2）针织物：针织物是用一组或多组纱线，本身之间或相互之间采用套圈的方法钩联成片的织物。它可以生产一定幅宽的坯布，也可以生产一定形状的成品件。它按生产方式不同又可区分为纬编和经编两类，包括内衣、外衣、袜类等。

（3）编结物：编结物是用一组或多组纱线，用本身之间或相互之间钩编串套或打结的方法形成片状的织物，如网罟、花边、窗帘装饰织物等。

（4）非织造布：由纤维（或加部分纱线）形成纤维网片而制得的织物，并具有稳定的结构和性能。按加工方法、原料等不同又可区分为毡制品、热熔黏合制品、针刺制品、缝合制品等许多类。

（5）其他特种织物：其他特种织物包括由两组（或多组）经纱、一组纬纱用梭织方法生产的三向织物、三维织物，以及其他新型织物等。

三、服装材料的信息

在信息时代，各种媒体把无数的信息呈现在人们面前，而互联网技术更是极大地延伸了人们捕捉信息的"触角"，对服装消费行为的影响显而易见。企业、商家为了吸引消费者的注意，不遗余力地在各种大众媒体上发布产品信息。时尚媒体为了吸引读者，同样在大量介绍流行趋势、时尚信息、科技动态、文化观点等。纺织、服装业也拥有许多专业杂志和网站，都时时刻刻在发布海量的信息。

对纺织、服装专业人员来说，利用好各种传媒和信息渠道，及时了解有关信息是一项必不可少的重要工作。而如何快速、高效地筛选和解读各种资讯，做到来源可靠、信息准确、内容实际，则是更重要的问题。

1. 产品信息

产品信息是指面料、辅料生产企业通过各种渠道向服装企业等客户提供的企业产品以及交易方式等信息。面料详细信息示例见表0-1。

表0-1　面料详细信息（Details）示例

编号 （Art NO.）	SH6707-07	品名 （Product Name）	全棉色织格子布100% （Cotton Y/D Check Fabric）
系列（Collection）	府绸（Poplin）	工艺（Art-craft）	梭织色织（Woven Y/D）
成分（Composition）	全棉100%（cotton）	纱支（YarnCount，tex）	11.7×11.7
密度（Denaity）	144×76	化型（Design/Pattern）	格型（Check）
重量（Weight,g）	0	现货（Stock,m）	90
价格（Price）	￥0	整理方式（Finishing Term）	仿丝绸（Poplin）
联系人（Contact）			
描述（Description）			

生产企业介绍产品时，会着重介绍产品的纺织原料、织造染整工艺、规格、品质、风格、产品的创新之处以及所针对的服装类别等。通常，产品信息内容简洁明晰、直截了当，具有实用性、说明性、全面性的特点。

产品信息发布者为面辅料生产厂家，产品信息的发布对象是各类服装企业。产品信息发布时通常利用各种平面、立体及听觉、视觉上的形式来进行直接或间接的宣传，主要方法是通过博览会、交易会、发布会、互联网，以及印制各种宣传册等进行产品信息的发布。

2. 流行趋势

流行趋势具有超前、新颖和丰富性、引导性等特点。它能够很好地分析影响服装流行趋势和面料发展趋势的各种因素，并掌握消费者的需求；有助于服装与面料生产企业及时控制和调整生产链上各个环节的产销方向，并且引导消费者走向适应服装产品发展的方向。其主要介绍关于面料、辅料流行趋势以及时尚产品、消费热点的信息。

流行趋势发布者为预测机构、时尚杂志、报纸、企业等。流行信息发布面向服装面辅料企业、服装企业、消费者。流行信息的发布一般是通过面料流行预测发布会和各种时尚类媒体，利用动态展示、出版物、互联网等方式进行。企业也会利用各种展示方式和促销活动对自己的新产品进行宣传和推广。

世界各国的流行预测机构都会定期发布服装和面料的流行趋势，其特点为具有时效性、系统性和权威性，有固定的模式和发布渠道，是流行变化最重要的"风向标"；对生产和消费都有很大影响。

时尚杂志的信息内容比较广泛，有关于流行趋势的报道、企业或品牌的新产品设计、市场与消费动态及记者对流行的分析和评述等，通俗易懂，具有很强的鉴赏性、可读性、趣味性，对消费者影响较大。

企业的流行信息通常以产品宣传、销售推广的方式发布。

3. 科技前沿

服装材料的科技前沿信息主要是指有关面料、辅料的研究成果，包括新原料、新产品、新设备、新工艺、新用途等。大部分信息来自研究机构的研究报告、科技论文，以及展览会上生产商、经销商所提供的信息和企业所发布的新产品宣传手册。

科技前沿信息发布者为科研机构和企业，一般具有较高的科技含量，具有前瞻性、研究性和理论性，对产品开发和市场推广具有很高的参考价值。

4. 标准信息

标准信息主要来自工业与技术标准团体，如各国的各级标准机构、技术监督机构和产品检测机构，是针对产品的质量、技术、安全等指标，以及有关表示方法的技术性标准。对于指导企业相应标准的制订具有规范与限定作用，是企业必须及时了解、掌握的重要信息。

5. 信息的获得来源

（1）获得信息的渠道。获得信息的渠道有很多，但不同渠道有各自特点，它们的作用和可信度也各不相同。信息的主要来源见表0-2。

表0-2　信息的主要来源

信息来源	信息特点
时尚杂志	内容丰富、个性鲜明，有市场分析、流行预测等内容，对消费者有引导作用
服装、纺织网站	快捷、方便，内容全面，支持电子商务，但许多存在维护、更新问题
企业主页	提供全面企业资料，有咨询、洽谈、商务功能
时装展示会	直观、生动，具有示范和设计导向作用
服饰博览会	直观全面，贴近流行，品种齐全，提供商机
专业出版物	提供材料、技术和经济信息，具有权威性
竞争对手资料	依靠调查、分析获取，有一定主观性
流行预测发布机构	宏观、概括，有权威性，对流行有很强的导向作用

（2）常用纺织服装网站和链接。

① http://www.globaltexnet.com。全球纺织网——中国最大的专业网上纺织市场。

② http://www.chinayarn.com。中国纱线网——中国最大的网上纱线市场。

③ http://www.texnet.com.cn。中国纺织网——中国纺织服装门户网站。

④ http://www.fcproducts.cn/home.php。国家纺织面料馆。

⑤ http://www.eck.com.cn。中国针织网。

⑥ http://www.fzengine.com。服装工程网——中国制衣工业与时尚产业门户。

⑦ http://www.eeff.net。穿针引线网——服装专业第一门户。

⑧ http://www.trends.com.cn/fashion。时尚——时装网。

⑨ http://www.apparelsos.com。服饰资源网——专业的纺织服装面料辅料网上市场。

⑩ http://www.cuzhiwang.com。促织网——纺织知识综合网站。

⑪ http://weibo.com/U/3037357171。纺服季荣的微博（课程微博）。

项目一 面料初步认识

✤ 项目导入

走进面料市场，可以看到成千上万种五彩缤纷、风格各异的面料。面对琳琅满目的面料，作为服装设计师或面料采购人员，应该怎样为服装作品挑选合适的面料呢？

面对这么多面料，设计师在设计选材时，不可能一一送去检验；况且，实验室的数据并不能完全反映在选材时需要考虑的因素，而服装的设计效果更是在直接感观中才可以预见。因此，设计师通常会先观察面料的外观，然后感觉一下面料的手感，或把面料在身上比试，凭自己的经验和直接感受选择面料。

我们在服装选材中常说："原料是根本，结构是基础，后处理是关键"。这充分说明三者在挑选合适的服装材料时的重要地位和作用，它们决定着服装的外观风格特征及穿着性能。

✤ 项目目标

1. 认识面料、辅料，了解面料、辅料种类，学会识别面料基本类别。
2. 识别面料的花色品种、风格特征；学会对面料风格进行描述。
3. 能根据服装类型初步选择面料。会拆分织物，了解物基本结构。
4. 会识别织物的正反面、经纬方向。

任务 1-1　认识面料与辅料

✤ 关键词

面料、辅料、针织、机织、非织、毛皮、皮革、里料、衬料、填充物、商标。

✤ 任务描述

1. 目的：认识面料、辅料，了解面料、辅料种类，会以识别面料基本类别。
2. 要求：学生 4 人一组，相互研究同组同学身上的衣服都用了哪些材料，记录下来；对照身上的服装，讨论老师所发材料都可以用在哪里；将老师所发材料粘入表 1-1 中，并填写表中内容。
3. 地点：一体化教室。
4. 备用材料：上课前需准备针织布、机织布、非织造布、皮革、里料、衬料、垫料、填充物、拉链、纽扣、线带类材料、装饰材料、商标各若干。

5. 教学建议：老师以"教、学、做"一体化的方式来教学。可以用课前所备材料结合师生身上所穿着服装，按分组研究→讨论分析→实样对照→认知实践的步骤进行教学。

表1-1 面料、辅料的认识

名称：	名称：	名称：
粘贴实物	粘贴实物	粘贴实物
特点描述：	特点描述：	特点描述：
名称：	名称：	名称：
粘贴实物	粘贴实物	粘贴实物
特点描述：	特点描述：	特点描述：
名称：	名称：	名称：
粘贴实物	粘贴实物	粘贴实物
特点描述：	特点描述：	特点描述：

服装材料是构成服装的一切材料，不仅指制作衣服的材料，还包括制作其他配件所用的材料。

具体来说，服装材料究竟指的是什么呢？在原始社会，尚未发明纺织技术的时候，我们的祖先就以兽皮、树叶、羽毛制作衣服，以石头、贝壳作为服饰配件。随着文明的发展、技术的进步，人们能把亚麻、蚕丝、羊毛、棉花纺成纱织成布，来缝制服装。到了近代，随着纺织科技的发展，人类还合成了大自然中没有的化学纤维，织成了性能各异的面料，面料品种开始极度丰富起来。然而，在服装设计师眼里，服装材料还远不止这些。只要翻翻这些年来的服装杂志，就不难发现，设计师们几乎把所能想象得出的一切都搬到了模特身上，金属、木头、石料、塑料、玻璃、竹、骨头、贝壳、橡胶、纸张等，甚至易拉罐、光盘、电线也曾被制作成服装（图1-1）。随着现代科学技术的飞速发展，各式各样高科技面料不断涌现。作为一个服装设计师，应该了解各个相关领域里的材料，才能为自己找到更多表达设计观念的材料。

图1-1 以各种材料来表达的服装

根据材料在服装中的用途，可将其分为面料与辅料。面料包括机织物、针织物、编结织物、皮革、毛皮等，辅料包括里料、衬料、垫料、填充料、扣紧材料、装饰材料、缝纫线、商标等。

一、服装面料

面料（Garment Fabric）是构成服装最主要的物质材料，一般是指体现服装的主体特征，给人以深刻印象，在服装中起主要作用的物质材料，是服装的主要材料，它的作用首先是体现服装的总体特征，包括服装的造型、风格、性能等。

服装面料的作用就是满足各种各样服装的要求，能够塑造各种各样风格、形象的服装，体现服装不同的外观和内涵。服装面料可以传递给人们的不同的生理和心理感受，使人们在生理和心理上得到满足。因此，选择面料时应仔细斟酌，用心体会，挑选最恰当的面料，来实现服装的设计构思，形成独特的风格，达到较高的意境。

不同的服装需要有不同的性能，包括的机械耐久性能、穿着舒适性能、外观性能、感官性能、防污性能和其他性能等，所以需要不同的面料来实现这些特性。如图1-2所示。

有的服装以舒适为主，需要吸湿透气、亲和皮肤的面料；有的强调坚牢，需要坚牢耐用、

(a) 以舒适为主服装　　　　(b) 在意外观的服装（一）　　　　(c) 在意外观的服装（二）

(d) 要求活动的服装　　　　(e) 注重保暖的服装（一）　　　　(f) 注重保暖的服装（二）

图 1-2　各种不同特性的服装

耐磨好的面料；有的注重保暖性能，需要蓬松柔软、丰满厚实的面料；有的特别在意外观的美丽，需要布面平挺、外观整洁、抗皱保形的面料；有的要求活动自如，需要伸缩性好的面料等。不同面料的服用性能不同，适合制作的服装种类也不同。选择面料时，一定要考虑服装不同的性能要求，仔细挑选，使面料不仅能满足服装外在美的要求，更能适合服装内在性能的要求。

服装面料的种类很多，但主要的、用得最多的还是纺织材料。从不同角度对材料进行分类，可以使我们对服装材料有一个系统的、总体的了解，以利于在服装设计时更好地选择和应用。

按用于服装的材料属性分类，服装面料一般可以分为纤维制品、裘革制品，而纤维制品根据制造方式的不同，分为机织物、针织物、编结织物、非织造织物、复合织物。人们比较熟悉的有机织物与针织物，如图 1-3 所示。

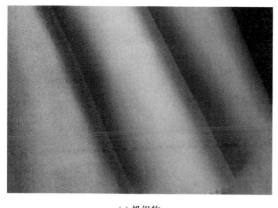

(a) 机织物

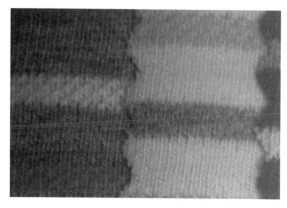

(b) 针织物

图 1-3　机织物与针织物

1. 机织物

机织物（Woven Fabric）是由两组相互垂直的纱（线）按照一定的规律纵横交错交织而成的，与织物纵向（长度方向）平行的纱称经纱，与织物横向（宽度方向）平行的纱称为纬纱。织物结构稳定，没有弹性（加入弹性纤维的面料除外），布面平整，坚实耐穿，外观挺括。在纺织品中它是应用最多、产量最高、品种最丰富、历史最悠久、用途最广泛的服装面料。

2. 针织物

针织物（Knitted Fabric）是利用织针将纱线编织成线圈并相互串套而形成的一种织物。根据编织方法不同，有纬编针织物和经编针织物之分。以往的服装以机织物为主，但近 20 年来针织物作为一种重要的纺织产品，有了突飞猛进的发展。在欧美等发达国家，针织物纤维耗用量已占纤维总耗用量的 50% 左右，在我国针织物纤维耗用量也已达 20% 以上。我国针织品出口量已居世界首位，创汇额占我国纺织品出口创汇的 20% 左右，且所占份额逐年增加，在我国纺织品中的地位日趋突出。由于近 20 年针织外衣化发展的结果，针织服装的产销量已与机织服装并驾齐驱，而且越是经济发达的国家和地区，针织服装的消费也越多。目前在欧、美、日等发达国家和地区，毛衣、绒衣、T 恤衫、运动衫裤已成为日常生活的正常穿着，有的已成为上班、参加非正式活动及闲暇时间的主要穿着。从世界范围和贸易总量来看，今后针织服装仍将继续发展。

3. 非织造布

非织造布（Nonwoven Fabric）又称非织布、非织造织物、无纺织布、无纺织物或无纺布。非织造技术是纺织工业中最年轻而最有前途的一种技术。非织造布是一种有纤维层构成的纺织品，这种纤维层可以是梳理成网或由纺丝方法直接制成的纤维薄膜，纤维杂乱或定向铺置［图 1-4（a）］。其结构特点是介于传统纺织品、塑料、皮革与纸四种系统之间的一种新材料系统。

4. 毛皮和皮革

毛皮和皮革（Fur and Leather）经过加工处理后，也可用于制作服装。通常把鞣制后的动物毛皮称为毛皮，也称"裘皮"，而把经过加工处理的光面或绒面皮板称为皮革［图 1-4（b）］，

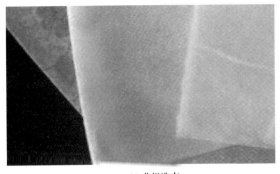

(a) 非织造布　　　　　　　　　　　　　　(b) 卢苴

图 1-4　非织造布与皮革

它们都可作为服装材料。毛皮由皮板和毛被组成，皮板密不透风，毛被的毛绒间可存留空气，从而起到保暖的作用，具有轻便柔软、坚实耐用，可用作面料，又可充当絮料，但价格昂贵。皮革指动物毛皮经过化学处理后，成为具有一定的柔韧性及透气性，且不易腐烂的革皮。常用的皮革原料采用绵羊、山羊、猪皮、牛皮的毛皮，特点是遇水不易变形、干燥不易收缩、耐化学药剂、防老化等；但天然皮革不稳定，面积大小、厚度不均匀一致，加工难于合理化。

二、服装辅料

服装辅料（Garment Auxiliary）是指在服装中除了面料以外的所有其他材料的总称，对服装起辅助和衬托的作用。在服装中，辅料与面料一起构成服装，并共同实现服装的功能。

根据服装材料的基本功能和在服装中的使用部位，服装辅料主要包括以下部分：衬料、里料、絮料、垫料、线类材料、紧扣材料、商标及标志和其他材料。

现代服装特别注重辅料的作用以及与面料的协调搭配，辅料对现代服装的影响力也越来越大，成为服装材料不容低估和忽视的重要组成部分。

1. 衬料

衬料（Garment Interlining）是指服装的领部、两肩、前胸、门襟等部位的垫衬材料，是附在服装面料和里料之间的材料（图 1-5）。

2. 里料

里料（Garmentl Lining）是指服装最里层用来部分或全部覆盖服装背里的材料，通常称里子或夹里。

3. 缝纫线

缝纫线（Sewing Thread）是指在服装中主要用于缝合衣片、连接各部件的纱线。

4. 填料

填料（Garment Filling）指服装面料、里料之间的材料，主要目的是赋予服装保暖、保形以及其他特殊功能。絮状填料如图 1-6 所示。

纽扣、拉链、钩、环等属于服装的紧扣材料，在服装中起封闭、扣紧、连接和装饰作用。其他辅料还有花边、填料、珠片、商标等。

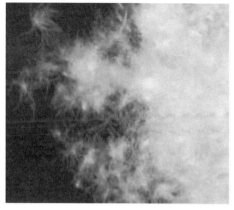

图 1-5　服装衬料　　　　　　　　　　　图 1-6　絮状填料

【延伸阅读】机织与针织

初入服装业者，往往会对针织布和机织布持有模糊的感性认识。搞不清针织、梭织、机织、非织，这些概念"织"成了一团乱麻。

学习建议："不怕不识货，只怕货比货"——实物"比较法"是一种很好学习方法和鉴别方法。联系实践，进行比较，能够深化感性认识，实现理性认识的转变。

针织与机织都是织造的一种方式，只是采用的机器不同。机织物采用机织机，包括有梭织机和无梭织机；针织物一般采用大圆机、横机和经编机，当然也可以使用棒针手工编织。针织物与机织物由于采用的机器不同，编织方法各异，在加工工艺、布面结构、织物特性、成品用途上都有各自独特的特色，区别如下。

1. 织物的形成方式

（1）针织物。针织物是由纱线顺序弯曲成线圈，以线圈相互串套形成织物，而纱线形成线圈的过程可以横向或纵向进行，横向编织称为纬编织物，纵向编织称为经编织物。针织物的结构如图 1-7 所示。

（2）机织物。机织物是由两条或两组以上的相互垂直纱线，以 90° 作经纬交织而成织物，纵向的纱线叫经纱，横向的纱线叫纬纱。机织物的结构如图 1-8 所示。

2. 织物组织的基本单元

（1）针织物。线圈就是针织物的最小基本单元，而线圈由圈干和延展线呈一空间曲线组成，即由圈柱和圈弧构成。

（2）机织物。经纱和纬纱的每一个相交点称为组织点，经纱浮在纬纱上的组织点称为经组织点，纬纱浮在经纱上的组织点称为纬组织点。组织点是机织物的最小基本单元。

3. 织物性能

（1）针织物。针织物能在各个方向延伸，弹性好。因针织物是由孔状线圈形成，有较大的透气性能，手感松软，有一定的卷边性、脱散性，易勾丝与起毛起球，可直接成型。

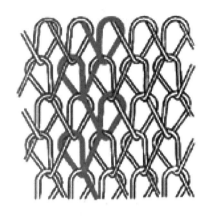

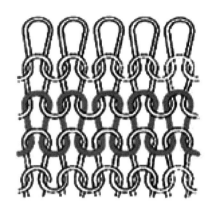

(a) 经编织物   (b) 纬编织物

图 1-7 针织物的结构示意图

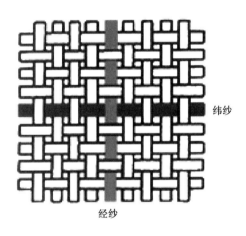

图 1-8 机织物的结构示意图

（2）机织物。因机织物经、纬纱延伸与收缩关系不大，亦不发生转换，因此织物一般比较紧密、挺硬，结构相对较稳定。

4. 织物的几何参数及性能指标

（1）针织物。针织物常用几何参数有纵密、横密、线圈长度、平方米重量。织物的力学性能，包括延伸性能、弹性、断裂强度、耐磨性、卷边性、脱散性、收缩性、覆盖性。

（2）机织物。机织物常用的几何参数有匹长、幅宽、厚度、经纬密度、紧度、经纱与纬纱的线密度、平方米重量，使用时需注意布边、正面和反面、顺逆方向，力学性能包括拉伸性能、弹性、起毛起球性、悬垂性、耐磨性等。

【岗位对接】机织物与梭织物

机织物的织造机器分为有梭织机（Shuttle Loom）和无梭织机两种。有梭织机是以梭子为引纬器将纬纱引入梭口的织机，有震动大、噪声大、机物料损耗多等不利于高产的缺点。因此，一般的有梭织机正在逐渐淘汰。20世纪80年代起，无梭织机得到了很大发展，包括机械引纬的片梭织机、剑杆织机，及气流引纬的喷气织机和水流引纬的喷水织机（图1-9）。因此，织物若细分，则分为有梭织机织物和无梭织机织物两种。

(a) 梭子引纬　　　　　　　　　　　　　　　(b) 剑杆引纬

图1-9　两种织机的引纬机构示例

有梭机织机和无梭织机的加工原理及所加工织物的结构是一致的，只是引纬形式不一样，所以通常俗称机织物就是梭织物。在无梭织机普及之前，梭织就是机织，虽然现在无梭织机越来越多，但所加工织物大家仍习惯称梭织物。所以通常情况下，可以认为机织物就是梭织物。

任务1-2　面料风格与个性

❋ 关键词

麻型风格、棉型风格、丝型风格、毛型风格、其他风格织物、多原料混纺织物、复合织物。

❋ 任务描述

1. 目的：感性认识常见服装面料的风格特征，对基本类别能够加以区分。并分别感受不同面料的个性。

2. 要求：在模拟面料市场中，寻找表1-2中对应的布样，每一类别需要找到两三种，并将布样小样粘贴在表中（或将布样编号和名称填入表中），并说明该布样适宜制作何种服装。

3. 地点：一体化教室。

4. 备用材料：上课前需准备一间放置了大量面料样品的教室，模拟面料市场，当然最好就是将学生带到面料市场，进行现场教学。

5. 教学建议：老师以现场教学的方式来教学，可以建立一间面辅料样品库，模拟面料市场进行教学。

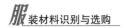

表 1-2　面料的不同风格

风格	名称：	名称：	名称：
麻型织物	粘贴实物	粘贴实物	粘贴实物
	用途：	用途：	用途：
风格	名称：	名称：	名称：
棉型织物	粘贴实物	粘贴实物	粘贴实物
	用途：	用途：	用途：
风格	名称：	名称：	名称：
丝型织物	粘贴实物	粘贴实物	粘贴实物
	用途：	用途：	用途：
风格	名称：	名称：	名称：
毛型织物	粘贴实物	粘贴实物	粘贴实物
	用途：	用途：	用途：
风格	名称：	名称：	名称：
其他风格织物	粘贴实物	粘贴实物	粘贴实物
	用途：	用途：	用途：

服装面料的作用就是满足各种各样服装的要求，设计不同风格的服装，使人们在生理和心理上得到满足，塑造各种各样风格、形象的服装，体现服装不同的外观和内涵。服装的风格各异，有的朴素自然，有的青春活泼，有的漂亮华丽，有的端庄典雅，有的流行前卫，有简洁流畅，有的标新立异等。另外，人的体形、气质和文化修养不同，对服装美的感觉和风格的要求也不同，有的人喜欢宽松舒适，有的人喜欢紧身合体，有人穿着鲜艳跳跃色彩的服装显得精神焕发，有人穿着稳重深沉色彩的服装更显气质等。不同的环境，着装的感觉也不同。校园里，自然、朴素、随意的服装感觉和谐；办公室里，整洁、端庄、严肃的服装感觉相称；大街上，各具个性的服装感觉缤纷；宴会上，精致、华丽的服装感觉隆重；居室中，柔软和悦的服装感觉温馨等。这些服装的风格都是依靠服装造型的特点及面料的风格来实现的。

服装面料的风格主要指织物风格。消费大众接受的织物风格是设计师在新产品开发时所追求的最终目标，是人的感觉器官对织物所作的综合评价，受物理、生理和心理因素共同作用。消费者对面料和服装的选购通常是以产品的风格特征为基础的，依据手感来判定织物风格，获知服装是否适宜穿着，是一种自然贴切的评价方式，称为狭义风格，而当依靠人的触觉、视觉以及听觉等方面对织物作综合评价时称为广义风格。

面料种类繁多、千姿百态，其风格的内容也极为丰富，一般包括触觉风格、视觉风格、听觉风格、嗅觉风格等。人们经常用手触摸织物进而判断其风格的优劣，这被称作触觉风格，也被称为手感，它已经成为确定面料档次或价位的决定性因素，受到越来越多的重视。服装面料的风格因材质不同而不同，同时不同类型织物也有不同的风格要求。

一、不同材质织物的风格

不同材质的织物的风格特征差异较大，制作出来的服装给人的感觉也不一样。

1. 棉型风格

棉型织物是用纯棉纤维或加入适当比例的化纤，经纺纱、织制而成的织物。由于近年来人们回归自然的思潮，棉型织物的服装给人一种舒适自然、阳光休闲、亲切随意的感觉（图1-10），越来越受到人们的重视，一般作内衣、夹克衫等。

2. 麻型风格

麻型织物是指以亚麻或苎麻等为材料，或与适当比例的化纤混纺、交织而成的织物。麻纤维纺织品服装具有淳朴自然、吸湿透气、凉爽不贴身的特点，还具有抑菌防霉等保健功能，符合健康、绿色潮流，是夏日里的最佳选择。但其弹性差、易起皱、刚性大、手感硬挺，织物表面有凸起的纵横交错的条痕，风

图1-10　棉型风格服装

图 1-11　麻型风格服装

格粗犷。麻织物所制作的 T 恤衫、衬衫、裙子尤受欢迎（图 1-11）。

3. 毛型风格

以各类动物毛或毛型纤维加工而成的织物，手感柔糯有身骨，富有弹性，坚牢耐穿，不易变形，弹挺不皱，染色优良，色谱齐全，独有缩绒性，吸湿性强而无潮湿感，适于制作各类西服、大衣、套装、制服等。其制作的服装让人一看便感觉高档、有品位，会给人一种精明能干、踏实稳重的印象（图 1-12）。

4. 丝型风格

丝型织物可分为以桑蚕丝、柞蚕丝、人造丝为材料的织物。其轻盈滑爽、明亮悦目、华丽富贵、舒适柔和、弹性好、轻薄柔软、飘逸，属于高档面料，主要用于夏季服装。做女式晚礼服或夏季裙装都很出色，也可做男女衬衫、睡衣等（图 1-13）。

图 1-12　毛型风格服装

图 1-13　丝型风格服装

5. 其他风格织物

化学纤维织物多是仿棉、仿麻、仿毛或仿丝绸产品，但纯化纤织物也有其自己的风格特征。

（1）涤纶织物。其手感挺爽，强度大，弹性好。仿棉、仿麻、仿毛或仿丝绸产品都有。

因其有抗皱免烫、可定型好的特性，为各大品牌时装所欢迎。

（2）锦纶织物。因锦纶手感滑溜，坚牢耐磨，有蜡光，弹性比涤纶差，其织物常用于制作风雨衣、运动服面料。

（3）腈纶织物。其手感蓬松，伸缩性好，保暖性好，类似毛织物，比毛织物更加轻盈保暖，但没有毛织物活络，且起毛起球性能严重。一般制成针织摇粒绒等织物，用做青少年穿着的卫衣面料。

（4）毛皮和皮革。天然毛皮外观美丽丰满，手感柔软活络，光泽自然，绒毛蓬松，具有轻便柔软、防风保暖、坚实耐用的特点，看起来华贵奢侈，但价格昂贵。人造毛皮外观类似动物毛皮，在服用性能上与天然毛皮接近，抗菌防虫，可简化服装制作工艺，增加花色品种，而且价格较低，易保藏，可水洗，是极好的裘皮代用品。天然皮革具有一定的柔韧性及透气性，光泽自然，纹理独特，制作的服装时尚大气，但加工难。人造皮革虽然柔软美观、耐用保暖，花色丰富，但吸湿透气不够好。用毛皮和皮革制作的服装分别如图 1-14 和图 1-15 所示。

图 1-14　毛皮服装　　　　　　　　　图 1-15　皮革服装

（5）多原料混纺织物。技术改进后的各种混纺、化纤面料"脱胎换骨"，完全改变了以往闷热、僵硬的形象，无论是舒适度还是透气性方面，都与天然纤维不分高低，有些甚至在防皱、防褪色及色彩、花纹创新领域更胜一筹，使穿着者形体更美，色泽更生动（图 1-16、图 1-17）。

（6）复合织物。以不同性质、不同特点的几种层次织物复合成一个织物，使之比单一织物更具有广泛的适应性，外观上新颖漂亮，更具有立体感，手感、使用性能符合人们舒适好

图 1-16　丝棉交织面料服装　　　　　　　　图 1-17　毛麻交织面料服装

用的要求。如双面异色织物，一面为柔软涂层布，另一面为起绒织物；一面起绒，另一面仿皮；一面印花，另一面非织造布等，获得独特的双面效果。

二、面料的个性风格

各种不同的面料，都有它们自己的个性。日本著名服装设计大师三宅一生的名言是："衣服穿在外面，但必须用心体会。"因此，他特别重视布料所传达的信息，布料的性质及特点是他创作的灵感来源之一，衣服上的线条、织物的色调，往往会成为他表现手法上的借鉴。他的作品有一种无结构、无拘束的社会态度，使得作品总是与众不同（图 1-18）。

有的面料风格成熟优雅，具有成熟女性特征，时尚而华丽，感觉精致干练、优雅脱俗、高贵稳重、端庄秀丽，讲究细节；有的风格自然亲切，具有乡村的悠闲自由特点，以自然花草树木的本色、棉麻丝毛等天然材质、羽毛贝壳等天然装饰，表现大自然超俗恬静的魅力，给消费者回归自然的感受，自然朴实、亲切随和；有的面料风格浪漫古典，具有梦幻奇特的性质，以时尚、薄软、轻盈、飘逸、透明的面料，扑朔迷离的色彩，精美细腻的做工，体现极致的浪漫梦幻；有的时尚前卫，具有强烈的视觉冲击效果，以色彩强烈、图案怪异、造型夸张、材质迥异、搭配另类，体现时尚另类、超前流行、洒脱不羁的视觉效果，材质多为新潮的或高科技的面料，如具有闪光的金属材质、突破常规的 PVC 面料、仿旧破损的特殊整理、材质各异的拼接搭配；也有的性感迷人，女性化十足，多以弹性贴体的面料，或透明朦胧的面料为主；也有的具有民族风格，富有异国情调，如婉约含蓄的东方服装、鲜艳华丽的少数民族服饰、粗犷奔放的美国西部风格等，传统气息浓烈；有的具有卡通风格，活泼可爱，多为儿童服装，要求面料柔软吸湿、无刺激性，多用舒适透气的天然纤维、动物花草图案、卡通形象，如全棉小花面料、灯芯绒卡通图案面料、色织格布、彩格绒布等都是较理想的儿童服装面料，讲究童趣，自然、质朴、舒适、童贞。体现不同个性服装的面料如图 1-19 所示。

图 1-18　三宅一生服装作品：塑料材质与纸质风格

(a) 成熟端庄　　　　　　　　(b) 自然亲切　　　　　　　　(c) 时尚精致

图 1-19

(d) 性感成熟   (e) 中性   (f) 活泼可爱

图 1-19　体现不同个性服装的面料

三、面料手感的评价方法

面料的风格特性可从正面、侧面通过眼睛观察得到，如布面的光泽、纹理的清晰度、毛绒的紧密整齐程度、面料的透明度等。但面料还有许多特性是人们眼睛看不出来的，这就需要评价人员综合视觉、手感以及一些其他手段，其中手感是最简单、最直接，并相对最全面的一种方式。这里介绍几种人们在实践中常用的几种手感评价的动作与方法：摸、捏、搓、抓、抖、拉。

1. 摸

把面料置于手心，用大拇指轻轻摩挲，仔细感受面料表面的光滑程度，了解面料表面是否僵硬、粗糙，是否舒适、贴体，是温暖还是冰凉，是顺滑还是粗涩。也可将面料放在手腕内侧或耳下的位置轻轻摩擦，感受面料是否有刺痒或粗糙感，判断贴体穿着的舒适程度。

2. 捏、搓

将手中的面料弯折，用拇指与中指捏紧，感觉面料的蓬松、丰满、松软、坚实程度，再松开，看面料的抗弯情况，是否弹挺，有无折痕。然后两指轻轻揉搓面料，使用听觉辅助判断，面料摩擦时发出的声音，是否令人有愉悦的感觉。多次揉搓面料后，用手贴近面料，看面料是否会吸附，最后快速摩擦，看面料是否有"噼啪"的静电声，从而判断面料是否容易产生静电。

3. 抓

五指收拢，将手中的面料轻轻握在手心，再慢慢松开，看面料的软硬程度，有无身骨感，是否挺括，感受面料是否活络，即从手中弹开时是否具有跳动感。然后五指收紧，将面料弯折握在手中半分钟左右，再松开，看面料上是否有折痕，能否快速恢复，以及恢复到何种程度。

再抖几下，看面料折皱有无变少，以判断面料的抗皱性及弹性回复率的好坏。

4. 抖

提起面料一角，轻轻抖动，观察面料的形态是挺直、浑圆的，还是柔顺、流畅的，有无垂坠感，以判断面料的悬垂性能。再仔细掂量面料，估计面料的厚薄、轻重。

5. 拉

在直丝缕、横丝缕、斜丝缕等不同方向轻轻拉伸面料，了解面料是否有弹性，弹性大小和恢复程度，并观察面料结构是否稳定。

利用手感的方法评价面料，它的许多特性在外观上没有显示出来，这就需要鉴别者综合视觉、手感和一些简单的辅助手段（如滴水测试）进行综合判断。

任务 1-3　面料的花色品种

❈ 关键词

本色布、漂白布、染色布、色织布、色纺布、印花布、提花布、绣花布、烂花布、剪花布、轧花布、闪光布、反光布、前处理、染色、印花、整理。

❈ 任务描述

1. 目的：认识常见服装面料的花色品种，了解面料的染整过程，并能区分面料表面的各种花纹图案的形成方式。

2. 要求：在模拟面料市场中，寻找表 1-3 中对应花色的布样，每一类别需要找到一两种，并将布样小样粘贴在表中（或将布样编号和名称填入表中），说明该布样风格手感及适宜制作何种服装。

3. 地点：一体化教室。

4. 备用材料：上课前需准备一间放置了大量面料样品的教室，模拟面料市场，当然最好就是将学生带到面料市场，进行现场教学。

5. 教学建议：老师以现场教学的方式来教学。可以建立一间面辅料样品库，模拟面料市场进行教学。

表 1-3　各种花色品种的面料

花色	名称：	名称：	名称：
本色布或漂白布	粘贴实物	粘贴实物	粘贴实物
	风格及用途：	风格及用途：	风格及用途：

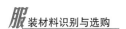
续表

花色	名称：	名称：	名称：
染色布或印花布	粘贴实物	粘贴实物	粘贴实物
	风格及用途：	风格及用途：	风格及用途：
花色	名称：	名称：	名称：
色织布或色纺布	粘贴实物	粘贴实物	粘贴实物
	风格及用途：	风格及用途：	风格及用途：
花色	名称：	名称：	名称：
提花布或绣花布	粘贴实物	粘贴实物	粘贴实物
	风格及用途：	风格及用途：	风格及用途：
花色	名称：	名称：	名称：
烂花布或剪花布	粘贴实物	粘贴实物	粘贴实物
	风格及用途：	风格及用途：	风格及用途：

一、织物的染整加工

染整（Dying and Finishing）是指借助各种机械设备，通过化学或物理化学的方法，对纺织品进行处理的过程。染整加工是纺织生产中的一个重要环节，使织物具有一定的颜色和图案或某些特殊性能，才能用于最终的服装产品的设计。染整工艺不仅给予衣物必要的服用性能和使用价值，而且给予丰富的装饰效果和各种特殊功能。根据所加工纺织品形态的不同，染整可以分为织物染色、纱线染色、散纤维染色三种。有时也会对缝制好的服装成品进行染色加工。织物染色所生产的织物称匹染布或染色布；纱线染色用于纱线制品和色织物，所生产的织物有双色效应或色织条子、格子效果等；散纤维染色常用于毛纺织物、混纺织物和厚实织物所用的纤维，所生产的织物可称为色纺织物，有混色效应。在毛织物中，也有采用纤维染色、毛条染色或染纱而制成的素色染色织物。

染整加工是纺织纤维及其制品加工成印染成品的工艺过程，包括前处理、染色、印花和整理四个部分。

1. 前处理（Pre-treatment）

前处理简称练漂，目的是去除杂质，提高白度、光泽度，增加渗透能力和尺寸稳定性，改善染色性能，使后续的染色、印花、整理等加工过程顺利进行。常见工艺有漂白（Bleaching）、退浆（Desizing）、丝光（Mercerization）、预定形（Pre-setting）、烧毛（Singeing）、洗呢（Scouring of Wool Fabric）、精练（Scouring）等。

2. 染色（Dyeing）

染色是通过染料使纺织品具有一定颜色，或在织物上生成不溶性有色物质的加工过程，可使纺织品获得鲜艳、均匀和坚牢的色泽。按使用的设备和着染方式，主要分为浸染（Exhaust Dyeing）和轧染（Pad）两种。

3. 印花（Printing）

印花就是按图案及配色设计要求，把各种不同染料或颜料印在纺织品上，从而获得图案的加工过程。虽然都是使纺织品着色，和染色不一样的是，染色是使纺织品全面着色，而印花仅对纺织品的某些部分着色。

4. 整理（Finishing）

整理是通过化学或物理的方法改善织物的外观和手感，增进服用性能或赋予某种特殊功能的工艺过程，是染整加工的最后一个环节，所以常称后整理。根据织物整理的目的以及产生的效果的不同，可分为基本整理、外观整理和功能整理。所以，染整过程的前三个部分主要是提高产品的美感，如提高洁白度、赋予流行色和图案等。而后整理除了能增加织物美感外，更主要的是可以改变织物的外观风格，或给予特殊功能。

二、面料的花色效果

服装用的面料成千上万、品种繁多、五彩缤纷，分类的方式多种多样。面料经过不同的染整加工方法，形成了不同的花色效果，故又可把织物分成本色布、漂白布、染色布、印花布、色织布、色纺布等。

1. 本色布（Loom-State Fabric）

本色布也叫原色布，是没有经印染加工，保留了纤维材料本来色彩的织物。虽然大多数材料的本色都是乳白色或淡黄色，色泽并不美观，但舒适无刺激，常用来做家庭自制被子的被里，可用于练习立体裁剪，通常不用于做成品服装。但是用彩色棉花、彩色羊毛等生产的坯布因为不需经过染整加工也具有天然的美丽色泽，制作的贴身穿着的成品服装或床上用品零污染、无刺激，属于绿色纤维，深受喜爱。

2. 漂白布（Bleached Fabric）

经过漂白加工的布就是漂白布，布料颜色洁白。由于省去了染色费用，成本较低，一般用作辅料中的衬布、袋布，也可用作面料。

3. 染色布（Dyed Fabric）

坯布进行匹染加工，产生均匀着色的织物叫染色布。布料正面颜色单一，但颜色鲜艳而均匀，背面有时因染料渗透不均而颜色浅淡、模糊、不均匀［图1-20（a）］。

4. 印花布（Printed Fabric）

印花布是经过印花加工的织物，它是由染料或颜料的作用产生图案效果的织物。一般正面花纹清晰、色彩鲜艳、线条明显、图案立体完美，背面常常图案模糊、线条不清、色彩暗淡［图1-20（b）］。

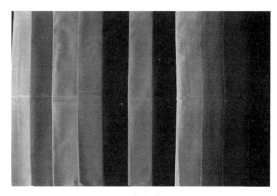 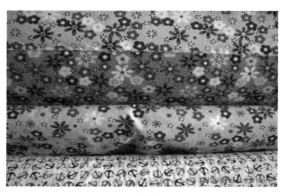

(a) 染色布　　　　　　　　　　　　　　　　(b) 印花布

图1-20　染色布与印花布

5. 色织布（Yarn Dyed Fabric）

纱线经漂白或染色后，用不同颜色的经纱和纬纱织成的织物叫色织布，也叫色织织物。若是经纬纱异色，往往会形成双色效应，如牛仔布就是色经白纬，布料正面颜色深，反面颜色浅，呈明显的双色效应，这类面料可制作牛仔服、男式衬衫等。假如不仅经纬异色，且经纬皆为有光长丝，则往往会出现闪光效应，常用于制作女式小西装、女士晚礼服［图1-21（a）］。

6. 色纺布（Fiber Dyed Fabric）

色纺布是散纤维染色的织物，先将部分纤维或纱条染色，再将原色（或浅色）纤维（或纱条）与染色（或深色）纤维（或纱条）按一定比例混纺或混并，制成具有独特混色效果的色纺纱，以此织成的织物叫做色纺布，也叫色纺织物。若采取多种不同颜色的纤维混和再纺纱，织成的面料具有朦胧的混色效果，可最大程度控制色差，提高布面质量。以前一般多用于毛织物，近年棉织物中也出现了色纺纱织成的织物，在夏季针织T恤衫中出现较多。其有经纬向均匀混色，也有单一方向混色，呈现"横条雨丝""纵条雨丝"的效果，如图1-21（b）所示。

(a) 色织布　　　　　　　　　　　　　　(b) 色纺布

图 1-21　色织布与色纺布

三、面料的装饰加工方法

除了印花以外，布面上也会出现各种各样的更加立体、更加繁琐、更加精致的花纹图案，它们的出现方式各不相同，制作方法也千奇百怪。有的花纹是织出来的，有的是绣出来的，有的是压出花纹后热定形而成，有的是利用材料的酸碱溶解性能加工而成等，形成花纹的方式不一而足。

1. 提花（Jacquard）

提花是织物在织布时因组织结构的不同，而以经纬纱交错形成的凹凸花纹。通过古丝绸之路，中国丝绸以提花织造的方式名扬世界。其花纹立体突出，布面精致华美，属于比较高档的面料。因要织出图案，提花布对用纱的要求较高，质量次的纱线无法提出成型的图案。提花布有白织和色织之分，白织坯布和部分色织坯布须经练漂或染色。提花布根据品种特征可分为时装面料和家纺用料（图 1-22 和图 1-23）。一般提花布多用作床单、台布、窗帘等室内装饰。高档床上用品常用棉型提花织物或丝型提花织物，窗帘布、布艺沙发面料一般是用较结实厚重的化纤材质，花纹经常使用雪尼尔线进行提花，增强花纹的立体突出感。提花府绸、提花麻纱、提花线呢、织锦缎等则多用于服装。提花布的图案分大提花和小花纹（亦称小提花）

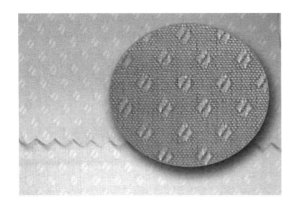 

图 1-22　用于衬衫的小提花织物与用于中式服装的织锦缎

图1-23　用于床上用品的纯棉提花布及装饰用提花布

两类。大提花图案有花卉、龙凤、动物、山水、人物等，在织物的全幅中有独花、2花、4花或更多的相同花纹，采用提花机织造，经纱循环数从几百根到千根以上。小花纹图案多为点子花或小型几何图案，用16~24页多臂织机织造，由于受所用综框页数的限制，织成的花纹较为简单。

2. 绣花

绣花也称刺绣，古代称"黹""针黹"，又称"针绣""扎花"。绣花是针线在织物上绣制各种装饰图案的总称，即用针将丝线或其他纤维、纱线以一定图案和色彩在绣料上穿刺，以缝迹构成花纹的装饰织物。它是用针和线把人的设计和制作添加在任何存在的织物上的一种艺术，用途主要包括生活和艺术装饰，如服装、床上用品、台布、舞台、艺术品装饰。这一民间传统手工艺在中国有悠久历史，因多为妇女所作，故俗称"女红"。据《尚书》载，4000多年前的章服制度就规定"衣画而裳绣"。至周代，有"绣缋共职"的记载。湖北和湖南出土的战国、两汉时期的绣品的水平都很高。

中国刺绣主要有苏绣、蜀绣、湘绣和粤绣四大名绣，以及顾绣、京绣、瓯绣、闽绣、苗绣等富有地方特色的品种，都各具风格，沿传迄今，历久不衰。刺绣通过缝、贴、钉珠、穿刺、动合等手法，可形成立体感和装饰性都很强的设计效果。蜀绣和湘绣如图1-24所示。

贴布绣也称补花绣，是将其他布料剪成各种图案，贴缝在绣花底布上的刺绣形式，也可在贴花布与底布之间衬垫棉花等，使图案隆起而有立体感，绣法简单，图案以块面为主，风格别致大方。珠片绣也称珠绣，它是将空心珠子、珠管、人造宝石、闪光珠片等装饰材料绣缀于服饰上，以产生闪耀夺目的效果，增添服装的美感和吸引力。十字绣（图1-25）也称十字挑花，针法简单，按照布料的经纬方向，将同等大小的斜十字形线迹排列成设计好的图案，其纹样一般造型简练，结构严谨，常呈对称式布局的图案风格，具有浓郁的民间装饰风格。

传统的绣花手法有多种多样，但纯手工的生产费工耗时，产量极低且价格高昂。随着计算机技术的发展，在我们中国传统绣花概念上演绎出了电脑绣花，采用专业的电脑绣花软件通过电脑编程的方法来设计花样及走针顺序，最终达到绣花产品的大批量生产，电脑绣花不但对传统手工绣花做了比较完美的继承，并且解决了传统手绣无法来完成大批量化生产

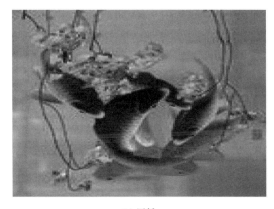

(a) 蜀绣

(b) 湘绣

图 1-24 蜀绣和湘绣

的现状。

3. 烂花

烂花织物主要是利用两种纤维不同的耐酸牢度的化学性能，经过混纺或纺成包芯纱，作经纬纱织成烂花织物坯布，再经过印染工序在酸液中进行烂花处理加工，使不耐酸的那部分纤维被溶解烂掉，即成为凹凸分明、轻薄透明、花纹清晰、新颖别致的烂花织物。目前，国内生产的烂花织物主要是利用涤纶与棉纤维、涤纶与粘胶纤维纺制成包芯纱而织制的。因此，生产烂花织物的技术关键首先是纺好包芯纱，

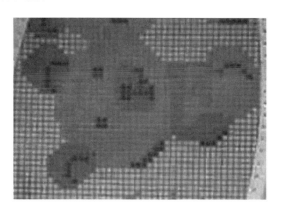

图 1-25 十字绣

然后生产坯布，再进行染整烂花加工，烂去纤维素纤维，留下涤纶长丝，形成独特的"凸花效果"。烂花面料是表面具有半透明花形图案的轻薄混纺织物，透气性好、挺括坚牢，快干免烫，是餐巾、窗帘、床罩装饰织物的不二选择。此外，也可将烂花面料经刺绣、抽纱等加工。烂花织物如图 1-26 所示。

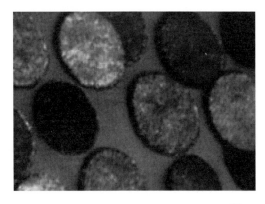

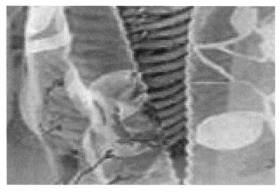

图 1-26 烂花织物

4. 轧花

轧花指经过特殊整理，使布面呈凹凸花纹。漂白布、素色布经轧花加工整理称为凹凸轧花布或拷花布；印花布经轧花加工整理称为拷花印花布或浮雕印花布（图1-27、图1-28）。

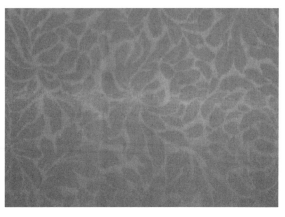

图1-27 轧花布　　　　　　　　　　　　　图1-28 拷花布

彩拷花布是蓝印花布的"升级版"，古已有之，采用了"取之于草木，还其以自然"的传统环保染色工艺。由丰子恺祖辈创立的丰同裕染坊，就曾印染过彩拷花布，后来这种花布濒临绝迹。作为富有民间特色的花布手工草木印染技艺，与当地的民俗紧密结合，带着江南独有的温润，色彩丰富，但不失雅致（图1-29）。

(a) 镂空纸版刷印法拷花布（海宁）　　　　　　　(b) 彩拷花布（乌镇）

图1-29 彩拷花布

5. 剪花

剪花布是装饰布的一种，是提花织造后，将经纱或纬纱中的局部织到面料中，然后将浮在织物上的多余纱剪去。剪花布分经剪花和纬剪花两种。纬剪花容易产生稀密路的问题，并且浪费织造工时，所以多采用经剪花。剪花布也可以将双层织物表层的一部分剪去，从而形成一定的花型，使织物具有较强的层次感（图1-30）。

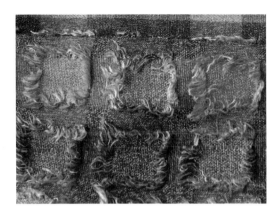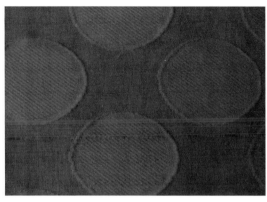

图 1-30　剪花布

6. 其他

除了各种绣花、剪花、烂花等工艺以外，还有许多能够改变面料表面效果的装饰加工方法，如绗缝、拼接、层叠和镂空等。

（1）绗缝是一种缝纫工艺，将棉絮或毛绒夹在布料之间按一定线迹缝补，以防止棉花滚动抱团。如进行装饰处理，可在织物的表面形成凹凸的立体图形。

（2）拼接把各色面料裁成各种形状小片再重新缝合，利用两块面料的缝合边线作特殊的装饰效果，拼接后的面料表面又可形成特别的图形和纹样。

（3）层叠通过手工或借助机械，把几层相同或不同的透明面料重叠在一起，利用面料重叠后的深浅不同的色彩变化和虚实感来体现薄型材料的质感。

（4）镂空在平整的面料上用手工或机器锁边，或直接采用不易起毛边的材料进行镂空。传统的做法是镂空绣，又称雕绣，即在面料上按花纹修剪出孔洞，并在孔洞中绣出或实或虚的细致花纹。现代机绣工艺可以大批量生产镂空面料。例如，穿孔方法的机器绣花——鸽眼刺绣。另外，现代热熔定型工艺可以防止一些化纤面料切口产生毛边，使用雕花工艺就可以直接在底布上镂空出各种精致的花纹。

（5）钩编处理是指用不同纤维材料的线、绳、带、花边等细长、可弯曲、能够变形打结的材料，通过编织、钩编或编结等各种手法，形成各种疏密、宽窄、凹凸不同的组合造型和纹样变化，直接织出不同肌理的面料。

（6）破坏性处理即破坏面料的表面，使其具有类似各种无规则的刮痕、穿洞、破损、裂痕等效果的不完整、无规律的破坏性外观，如抽丝、镂空、烧花、烂花、撕裂、磨损等处理。

（7）立体化处理可改变面料表面平滑的肌理，使其形成浮雕和立体感，可以形成独特的肌理感觉。布料的立体造型手法多种多样。利用手工的方法，有抽缩、压皱等，利用机械的加工，有折裥、压褶等。

【延伸阅读】面料的手工印染

手工印染常用于小批量的织物或裁好的衣片和服装。它与一般的印花原理是相同的，主要有扎染、蜡染、吊染、泼染、手工丝网印花、手绘等。

1. 蜡染（Batik）

蜡染，古称蜡缬。蜡染布是在布匹上经过涂蜡、绘图、染色、脱蜡、漂洗而成，主要是蓝白图案，是我国民间的一种古老的手工印染方法，属于防染印花工艺。蜡染实际上应该叫"蜡防染色"，它是用蜡把花纹点绘在麻、丝、棉、毛等天然纤维织物上，然后放入适宜在低温条件下染色的靛蓝染料缸中浸渍，有蜡的地方染不上颜色，除去蜡即现出因蜡保护而产生的美丽的白花。如果仅仅是蓝地白花也不算稀罕，那和蓝印花布没什么两样。蜡染的灵魂是"冰纹"，这是一种因蜡块折叠迸裂而导致染料不均匀渗透所造成的染纹，是一种带有抽象色彩的图案纹理。蜡染作为我国古老的防染工艺，历史非常悠久。早在秦汉时代，西南地区的苗、瑶、布依等少数民族的先民就已经掌握了蜡染技术。

古老的蜡染工艺在贵州少数民族地区被保存下来，一直流传到现在，而且创作了丰富多彩的蜡染图案。"鱼"和"鸟"是蜡染图案中常见的。"鸟"在我国西南地区一些兄弟民族的古老传说中含有吉祥之兆和幸福美好的意义；在苗族的传说中，"香宇鸟"有多子多福的含义。"鱼"在贵州的本方民谣中往往象征"配偶"或"情侣"，她们喜欢用寓意双关的命题和比喻来反映深厚的生活情趣和对未来幸福的向往，是富有浪漫色彩的表现方法。采用靛蓝染色的蜡染花布，青地白花，具有浓郁的民族风情和乡土气息，是我国独具一格的民族艺术之花（图1-31、图1-32）。

图1-31　蜡染作品　　　　　　　　　　　　　图1-32　多色蜡染作品

2. 扎染（Tie Dyeing）

扎染是我国民间的一种古老的手工印染方法，属于防染印花工艺。扎染，古称绞缬，与蜡缬（蜡染）、夹缬（镂空印花）并称为我国古代三大印花技艺。扎染是中国一种古老的防染工艺，其加工过程是将织物折叠捆扎，或缝绞包绑，然后浸入色浆进行染色，染色是用板蓝根及其他天然植物，故对人体皮肤无任何伤害。扎染中各种捆扎技法的使用与多种染色技术结合，染成的图案纹样多变，具有令人惊叹的艺术魅力。

扎染（绞缬）与蜡染的染料可以是一样的，但扎染的方法更加生动，面料不是靠蜡来附着，而是依靠绳子来裹扎一部分面料，被扎住的部分不放到染料中，其他部分一样就形成了与染料一致的颜色，捆扎部分也由于液体的浸透形成了颜色的过渡（图1-33、图1-34）。

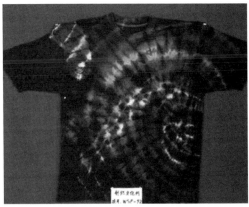

图1-33　扎染制作的台布与服装

图1-34　近年流行的渐变色扎染波斯米亚裙及雪花牛仔打底裤

任意皱折法捆扎的技法有很多种，大致可分为捆扎、缝绞和夹扎三大类，其中每大类在又有不同的变化，此外还有三种扎法的综合应用及一些自由的扎法。捆扎法如图1-35所示，是将织物按照预先的设想，或揪起一点，或顺成长条，或做各种折叠处理后，用棉线或麻绳捆扎。缝绞法是用针线穿缝绞扎织物以形成防染，针法不同形成的效果不同，这是一种方便自由的方法，可充分表现设计者的创作意图。夹扎法是利用圆形、三角形、六边形木板或竹片、竹夹、竹棍将折叠后的织物夹住，然后用绳捆紧形成防染，夹板之间的织物产生硬直的"冰纹"效果，与折叠扎法相比，黑白效果更分明，且有丰富的色晕。综合扎法（图1-36）是将捆扎、缝绞及夹板等多种技巧综合应用，不同的组合可得到丰富多彩的效果。任意皱持法又称大理石花纹的制作，是将织物做任意皱折后捆紧、染色，再捆扎一次，再染色（或做由浅至深的多次捆扎染色），即可产生似大理石纹理般的效果。白族扎染方法及作品如图1-37所示。

图 1-35 捆扎法：圆形扎法

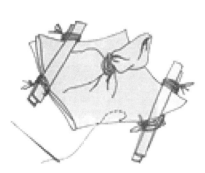
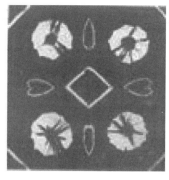

图 1-36 综合扎法

图 1-37 白族扎染方法及作品

3. 泼染（Spatter–dyeing）

泼染是将染浴通过泼洒或涂刷于服装上的染色方法。在众多的手工印染技法中，泼染所需要的工具最简单，但作品能达到图案抽象随意，色彩变幻莫测，并有水滴状的效果（图 1-38）。由于染出的花纹似泼出的水珠，因此该染色方法称为泼染。

4. 吊染（Dip Dye）

吊染作为一种特殊防染技法的扎染工艺，是将服装吊挂起来，排列在往复架上。染槽中先后注入液面高度不同的染液，先低后高，分段逐步升高，染液先浓后淡，如此可染得阶梯形染色效果（图 1-39）。吊染可在绞纱染色机上进行，可以使面料、服装产生由浅渐深或由深至浅的柔和、渐进、和谐的视觉效果。简洁、优雅、淡然的审美意趣，让人体味到一缕中国传统浅绛山水画的墨韵余香。近两年来，吊染工艺随着 PRADA 、FENDI 等意大利著名品牌和时装设计大师在高级时装中的运用和发布，使这种朦胧渐变的特殊防染技法成为现代成衣和家纺设计中的一种不可或缺的"艺术染整"语言。

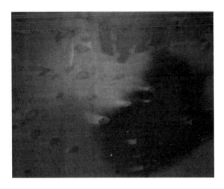  

图 1 38　泼染　　　　　　　　　　　　　图 1-39　吊染（围巾与衬衫）

5. 其他手工印染方式

除以上几种手工印染方法外，还可通过夹染、型染、手绘（图 1-40）、喷射、手工丝网印花等方法服装风格各异的色彩与图案效果，以满足人们追求个性化的要求。尤其对于设计师来说，这是一个有广阔发展前景的领域，能充分展现各自的才华，不断创新。

图 1-40　手绘

任务 1-4　面料的结构认识

❈ 关键词

平纹、斜纹、缎纹、变化组织、联合组织、复杂组织、三向织物、照布镜法、拆边法。

❈ 任务描述

1. 目的：认识常见的组织结构，能识别三原组织，了解面料的组织结构的表达方法，并能区分不同组织所形成的结构特点及肌理效果。

2. 要求：在模拟面料市场中，寻找表 1-4 中对应结构的布样，每一类别需要找到一两种，并将布样小样粘贴在表中（或将布样编号和名称填入表中），并说明该布样风格手感及适宜制作何种服装。

3. 地点：一体化教室。

4. 备用材料：上课前需准备一间放置了大量面料样品的教室，模拟面料市场，当然最好就是将学生带到面料市场，进行现场教学。

5. 教学建议：老师以现场教学的方式来教学。可以建立一间面辅料样品库，模拟面料市场进行教学。

表1-4　各种结构的面料

结构	名称：	名称：	名称：
三原组织织物	粘贴实物	粘贴实物	粘贴实物
	特性：	特性：	特性：
结构	名称：	名称：	名称：
变化组织织物	粘贴实物	粘贴实物	粘贴实物
	特性：	特性：	特性：
组织	名称：	名称：	名称：
其他	粘贴实物	粘贴实物	粘贴实物
	特性：	特性：	特性：

一、机织物组织结构

机织物是由两组相互垂直的经纱、纬纱，按照一定规律，在织机上相互交织而成。这种经纬纱线相互交错、彼此沉浮的规律称为织物组织。织物中经纬纱交叉重叠的点称为组织点；经纱在上、纬纱在下的组织点称为经组织点（经浮点），纬纱在上、经纱在下的点称为纬组织点（纬浮点），当经组织点和纬组织点沉浮规律达到循环时，称为一个组织循环（或完全组织）。

织物的组织可用结构图、组织图、分式表达法来表示（图1-41），如"$\frac{1}{2}\nearrow$"是分式表达法，

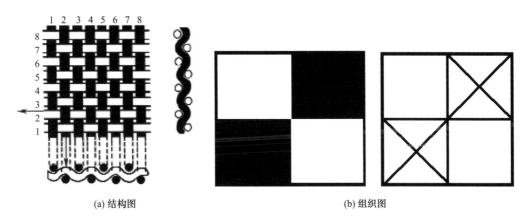

(a) 结构图　　　　　　　　　　　　　(b) 组织图

图 1-41　织物组织的表示方法

表示"一上二下右斜纹"。织物的组织常用组织图来表示,将经纬纱的交织规律可在方格纸(意匠纸)上表示,也称小方格表示法。方格纸的纵行代表经纱,横行代表纬纱,每根经纱与纬纱相交的方格代表一个组织点,经组织点常用"■""⊠"等符号表示,纬组织点常用空格表示。在组织图上经纱的顺序从左至右,标在图的下方,纬纱的顺序从下至上,标在图的左方,经纬纱的顺序标号也可省略。

二、常用组织及其特征

织物组织种类繁多,大致可分为原组织、变化组织、联合组织、复杂组织四大类。

1. 原组织

原组织是最简单的组织,是一切组织的基础,因此又称为基础组织。原组织包括平纹、斜纹、缎纹三种组织,因而又称为三原组织。

(1)平纹组织(Plain Weave)。平纹组织的经纬纱每隔一个组织点交织一次,经纬纱交织次数最多,因而纱线不易相互靠紧,织物可密性差,易拆散,表面平坦,正反面外观相同。常见织物有平布、府绸、泡泡纱、巴厘纱、帆布、夏布、凡立丁、派力司、法兰绒、双绉、乔其纱、杭纺、洋纺、电力纺(图 1-42)。

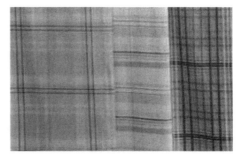

(a) 平纹结构　　　　　　　(b) 组织图　　　　　　　(c) 府绸

图 1-42　平纹结构与织物

与其他组织相比，平纹组织是最简单的结构。由于交织次数多，组织中浮线短，故平纹组织织物不易磨毛，抗勾丝性能好。同时由于织物中纱线不易靠紧，故在相同规格下与其他组织织物相比最轻薄。平纹组织织物质地坚牢，耐磨而挺括，手感较硬挺，又由于纱线一上一下交织频繁，纱线弯曲较大，故织物表面光泽较差。

平纹组织虽然是最简单的结构，但其织物品种却非常丰富。当采用不同粗细的经纬纱、不同的经纬密度，以及不同的捻度、捻向、张力、颜色的纱线时，就能织出呈现横向凸条纹、纵向凸条纹、格子花纹、起皱、隐条、隐格等外观效果的平纹织物。若应用各种花式线，还能织出外观新颖的织物。

（2）斜纹组织（Twill Weave）。斜纹组织织物表面呈较清晰的左斜或右斜向纹路，通常正面呈右斜纹，而反面呈左斜纹。常见织物有劳动布、斜纹布、卡其、华达呢、哔叽、绫、美丽绸。斜纹结构与织物如图1-43所示。

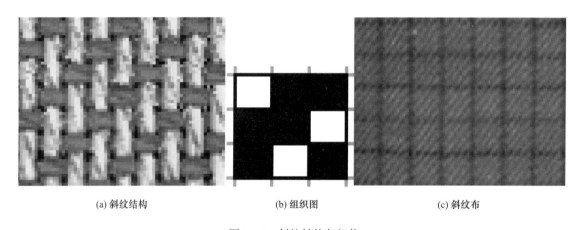

(a) 斜纹结构   (b) 组织图   (c) 斜纹布

图1-43　斜纹结构与织物

与平纹组织相比，斜纹组织的交织次数减少，组织中不交错的经（纬）纱容易靠拢，单位长度中纱线可以排得较多，因而增大了织物的厚度和密度。又因交织点少，故织物光泽提高，手感较松软，弹性较好，抗皱性能提高，使织物具有良好的耐用性能。

（3）缎纹组织（Satin Weave）。缎纹组织表面平整、光滑、富有光泽，因为较长的浮线可构成光亮的表面，它更容易对光线产生反射，特别是采用光亮、捻度很小的长丝纱时，这种效果更强烈。常见织物有横贡缎、直贡呢、缎、织锦缎（缎地提花）、锦（缎地提花）。

缎纹组织是三原组织中交错次数最少的一类组织，因而有较长的浮线在织物表面，这就造成该织物易勾丝、易磨毛和磨损，从而降低了耐用性能。由于缎纹交错次数最少，因而纱线织物相互间易靠拢，织物密度能够增大。通常该类织物比平纹织物、斜纹织物厚实、质地柔软，悬垂性好。缎纹结构与织物如图1-44所示。

2. 变化组织

变化组织是在原组织的基础上，改变其循环、浮长、组织点位置等某一因素，而派生出来的各种组织（如平纹）变化后产生的重平组织、方平组织以及变化重平组织、变化方平组织等；斜纹组织变化后产生的加强斜纹组织、复合斜纹组织、山形斜纹组织、曲线斜纹组织；

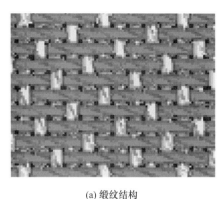
(a) 缎纹结构

(b) 组织图

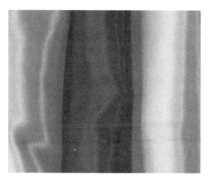
(c) 色丁

图 1-44 缎纹结构与织物

缎纹组织变化后产生的加强缎纹组织、变则缎纹组织和阴影缎纹组织等。变化组织在保留其原组织特征的基础上，纹理较为粗犷，富有变化，织物质地相对柔软。几种变化组织如图 1-45 所示。

(a) 方平组织

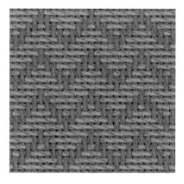
(b) 山形斜纹

(c) 曲线斜纹

图 1-45 变化组织

变化组织包括平纹变化组织（Modified Plain Weave）、斜纹变化组织（Modified Twill Weave）、缎纹变化组织（Modified Satin Weave）。

平纹变化组织中，经重平组织表面呈现横凸条纹，纬重平组织表面呈现纵凸条纹，并可借助经纬纱的粗细搭配，使凸条纹更加明显。方平组织织物外观平整，表面呈现块状席纹，较平纹组织的织物质地松软、丰厚，有一定的抗皱性，悬垂性好，但易勾丝，耐磨性不如平纹组织。如配以不同色纱和纱线原料，在织物表面可呈现色彩美丽、式样新颖的小方块花纹。

斜纹变化组织中加强斜纹组织是在斜纹组织的组织点旁沿着经（纬）向增加其组织点而形成的，结构稳定，采用这组织的毛织物易缩绒。所以呢绒类织物大都采用加强斜纹。复合斜纹组织是一个完全组织中具有两条或两条以上不同宽度的斜纹线，多用于花呢。角度斜纹的斜纹角度织物表面斜纹线的倾斜角度由飞数的大小和经纬密度的比值决定，包括急斜纹组织、缓斜纹组织、直贡呢就是角度为 75° 的急斜纹。还有改变斜纹线方向的山形斜纹组织、破斜纹组织，大量应用在各类花呢、大花呢中。

缎纹变化组织主要有加强缎纹组织和变则缎纹组织。加强缎纹组织如配以较大的经纱密度，就可得到正面呈斜纹、反面呈经面缎纹的外观（即"缎背"），如缎背华达呢、驼丝锦等。变则缎纹织物仍保持缎纹的外观，一般应用于顺毛大衣呢、花呢等。

3. 联合组织和复杂组织

联合组织和复杂组织均属于织物组织中较复杂的组织，都是在原组织、变化组织基础上变化而来，种类繁多，采用两种或两种以上的原组织、变化组织，通过各种不同的方式联合形成的此类组织品种较多，风格各异。较常见的有条格组织、绉组织、蜂巢组织、透孔组织、平纹地小提花组织、双层组织、起毛组织、纱罗组织等。几种联合组织和复杂组织如图 1-46 所示。

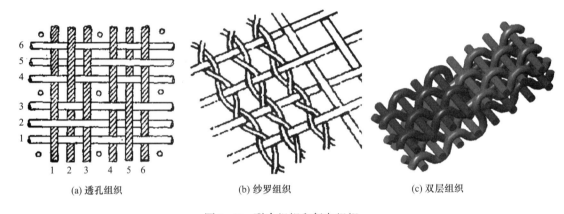

(a) 透孔组织　　　　　(b) 纱罗组织　　　　　(c) 双层组织

图 1-46　联合组织和复杂组织

【延伸阅读】三向机织物（3-d Woven Fabrics）

普通机织物是平行于织物边的经纱和与其垂直的纬纱交织而成，属于两向织物，占机织物的绝大多数，主要为民用，尤其是服装业。三向机织物是用连续高性能纤维织造的一种整体成型、正交三向结构的高性能结构材料，是由与织物边呈 30° 角排列的经纱和横向排列的纬纱按一定结构规律交织而成的片状物体（图 1-47），主要用于航空航天或其他产业领域。

图 1-47　三向机织物

【岗位对接】组织分析方法

织物组织决定了面料的结构特性，也表现出面料的织纹效果，从而对面料的外观风格和内在性能起至关重要的作用。准确分析织物的组织类型，有助于正确判断织物种类，对面辅料的正确运用有极大帮助。

织物组织的分析方法可分为不拆边法（照布镜法）和拆边法两种。

1. 不拆边法（照布镜）分析织物组织

有些组织结构较简单的织物，可取一块试样，用照布镜放大织纹组织，直接观察，并将经纬纱的交织情况绘制在意匠纸上进行分析，这种方法称为不拆边法，也叫照布镜法（图1-48）。

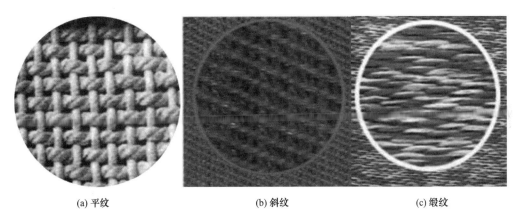

(a) 平纹　　　　　　　(b) 斜纹　　　　　　　(c) 缎纹

图 1-48　照布镜法

2. 拆边法

对于组织结构较复杂的织物，可将布边的经纬纱拆掉一些，露出约 1cm 左右的纱缨（图1-49），然后用拆针，将最外缘的经纬纱慢慢拨开（不要拆出），逐根观察。若纱线较细，可借助于照布镜。并将交织规律逐根绘制在意匠纸上，直至达到一个完全组织（为了保证组织完整，可绘制出两三组循环）通过分析对照即可得出结果。有时正面观察不清，从反面亦可清楚看到其经纬纱的交织规律。

(a) 拆边法分析组织　　　　　　　　(b) 从反面观察

图 1-49　拆边法分析法

任务 1-5 面料的外观识别

❋ 关键词

正反面、经纬向、倒顺方向、对条对格、经斜。

❋ 任务描述

1. 目的:可以区分不同组织结构、花色、外观的各类面料的正反面、经纬向、倒顺方向,能够正确使用面料。

2. 要求:识别前面四个任务所收集的面料的正反、经纬、倒顺,按正面朝上、经向沿纵向放置的方式,重新粘贴于对应的任务表中。

3. 地点:一体化教室。

4. 备用材料:准备好照布镜及前面四个任务所收集的面料,进行现场教学。

5. 教学建议:老师以现场教学的方式来教学。学生边学边做,做中学、学中做。

一、织物正反面的识别

1. 根据外观特征进行识别

织物正面光洁、织纹清晰、疵点少,光泽好,花纹图案清晰洁净,轮廓造型精致明显,色泽鲜艳,层次分明。凸条及凹凸织物,正面紧密而细腻,具有条状或图案凸纹;而反面较粗糙,有较长的浮长线(图 1-50)。

(a) 正面   (b) 反面

图 1-50 印花面料的正反面

2. 根据织物组织结构进行识别

(1)斜纹织物。一般来说,斜纹织物中经纬纱线的结构种类决定织物正反面斜纹方向。根据结构,斜纹组织分单面斜纹组织与双面斜纹组织,单面斜纹组织正面纹路清晰,反面纹路不清,斜纹隐约可见;双面斜纹组织正反两面皆有清晰的斜纹,可根据用纱情况决定的斜纹方向来判断正反。纱斜纹组织（经纬纱皆为单纱的斜纹织物）正面为左斜纹，如图 1–51 所示；半线斜纹组织（经纱为股线，纬纱为单纱的斜纹织物）右斜纹是正面，如图 1–52 所示；全线斜纹组织（经纬纱皆为股线的斜纹织物）右斜纹是正面，如图 1–53 所示。因右斜纹"↗"很像汉字笔画中的撇"丿"，也称"撇斜纹"，而左斜纹"↖"很像汉字笔画中的捺"㇏"，也称"捺

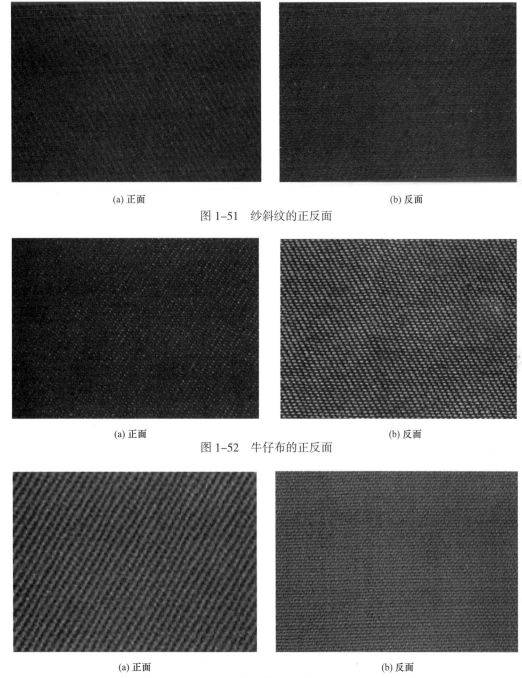

(a) 正面　　　　　　　　　　　　　　　　　　　(b) 反面

图 1–51　纱斜纹的正反面

(a) 正面　　　　　　　　　　　　　　　　　　　(b) 反面

图 1–52　牛仔布的正反面

(a) 正面　　　　　　　　　　　　　　　　　　　(b) 反面

图 1–53　单面华达呢的正反面

斜纹",所以可以把斜纹组织织物的这一特征简单概括为"线撇纱捺"。牛仔布通常会有所不同,通常采用色经白纬,织物正面呈经纱颜色,通常为右斜纹,纹路清晰、粗宽、突出,反面与正面有显著差别,主要呈纬纱颜色,斜纹方向亦相反。

(2)缎纹织物。其正面紧密、平整、光滑、有弹性,并富有光泽;反面织纹不明显,且不如正面平整光洁明亮。棉直贡缎与毛直贡呢正面"贡子"突出、清晰、饱满,反面不显"贡子",织纹与正面有显著差别。真丝缎与贡缎的正反面如图1-54所示。

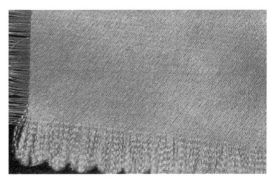

(a) 真丝缎的正反面

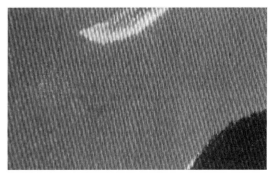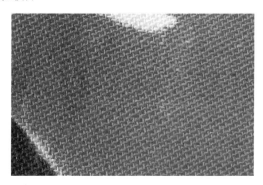

(b) 贡缎的正反面

图1-54 缎纹织物的正反面

3. 色织小提花、条格外观织物的正反面识别

具有条格外观的织品和配色花纹织物,其正面花纹明显,线条清晰,轮廓突出,浮线较少(图1-55、图1-56)。

4. 特殊外观织物的正反面识别

(1)起毛绒织物。单面起毛的面料,起毛绒的一面为正面。双面起毛绒的面料,以绒毛光洁、紧密、整齐的一面为织品的正面。起毛绒者为正面。双面起毛绒的,正面绒毛整齐,反面光泽差(图1-57)。

(2)毛巾织物。单面毛圈织物,起毛圈的一面为正面;双面毛圈织物,正面毛圈密度较大,反面稀;毛巾被、枕巾等正反面圈密一致,但有提花花纹的一面为正面。

(3)烂花织物。正面花型明显,轮廓清晰,色泽鲜明,有层次感,个别织物不透明处花

<table>
<tr><td>(a) 正面</td><td>(b) 反面</td></tr>
</table>

图 1-55　织锦缎的正反面

(a) 正面　　　　　　　　　　　　　　　　　(b) 反面

图 1-56　凸条织物的正反面

(a) 丝绒的正面　　　　　　　　　　　(b) 拉绒织物正面与反面

图 1-57　起绒织物的正反面

纹凸起；反面则花型模糊不清，缺乏立体感、层次感。

5. 根据卷装情况识别正反面

成匹包装的产品，匹头处朝外的一面为反面，卷在里面的为正面；若是双幅布，则折叠在里面的一面为正面，露在外边的为反面。

6. 根据布边识别正反面

（1）布边平整光洁的一面为正面；反面布边向上卷曲，边缘粗糙有毛丛，不太平整。

（2）若有针孔，则针孔凹下的一面为正面。但由于各种面料的加工整理方式不尽相同，实际中针孔凸出的一面为正面的织物也很多，不能一概而论，所以最好不采用此法来判断织物正反面。

（3）有些高档织物布边上织有图形、数字或文字的，图形或边字清晰、明显、光洁的一面为正面，反面图形模糊、字迹不清且呈反写状。

7. 根据出厂商标贴头和印章来识别织物正反面

一般成品布匹上都盖有商标、出厂日期和检验印章，内销产品商标贴在匹头反面，匹尾反面盖有出场日期和检验印章，外销产品则相反。

二、织物经纬向的识别

机织物是由经纬两个系统的纱线按照一定的规律交织而成，因此织物有经向、纬向之分。

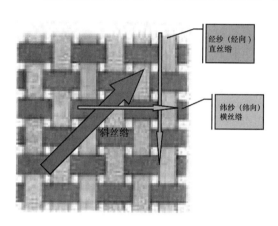

图 1-58　织物的经纬向

经纱方向称为经向，也称直丝缕方向，具有不易伸长变形、挺拔和自然垂直的特性，所以裤长、衣长一般都沿直丝缕方向裁剪。纬纱方向称为纬向，也称横丝缕方向，具有略有收缩、易窝服和丰满的特性，如领子、上衣沿胸围方向即横丝缕方向。经纬纱之间成45°方向称为斜向，也称斜丝缕方向，具有伸缩性大、富有弹性的特性，像部分裙摆，以及荡领等有自然悬褶的部位都比较适合使用斜丝缕（图1-58）。

1. 根据布边识别

若是整幅的带有布边的面料，则与布边平行的纱线方向便是经向，另一方向是纬向。

2. 根据织物的伸缩性来识别

一般织物经向伸缩性较小，手拉时紧而不易变形；纬向伸缩性较大，手拉时松而易变形；斜向伸缩性最大，极易变形。

3. 根据织物的密度来识别

一般织品密度大的一方是经向，密度小的一方是纬向。但麻纱纬密较大；横贡缎纬密远远大于经密。灯芯绒纬密甚至大于3倍经密。

4. 根据织物的筘路、筘痕来识别

坯布、府绸等织物，筘路、筘痕明显，则沿筘路、筘痕方向为经向。

5. 根据纱线的上浆情况识别

有些织物（如棉织物）在织造前经纱需上浆，所以可根据纱线的上浆情况来进行识别。经纬各扯下一根纱线，在水中蘸一下，手摸感觉黏的纱线表示有浆料，为经纱。那么另一根不上浆的为纬纱。

6. 根据纱线结构识别

对于半线织物，通常由股线和单纱织造而成。一般股线方向为经向，单纱方向为纬向（图 1-59）。

7. 根据纱线粗细识别

若经纬纱粗细不同，则通常经纱较细，纬纱较粗。若织品的纱线具有多种不同特数时，这个方向则为经向。

8. 根据捻度、捻向识别

若织品的纱线捻度不同时，则捻度大的纱线多数为经纱，捻度小的纱线为纬纱。若单纱织物的纱线捻向不同时，则 Z 捻为经纱，S 捻向为纬纱。

9. 根据条干均匀度

若织品的经纬纱特数、捻向、捻度都差异不大时，则条干均匀、光泽较好的纱线为经纱。

10. 根据不同织物特点识别

条格织物，一般格子较平直、较长向为经向；起绒织物，起绒系统多为纬纱；起毛织物，顺毛方向为经向；毛巾类织物，其起毛圈的纱线方向为经向，不起毛圈者为纬向；纱罗织品，有扭绞的纱的方向为经向，无扭绞的纱的方向为纬向；色织物，色纱系统多者为经向，因国产织布机纬向最多有四种颜色，但经向可有无数种颜色（图 1-60）。

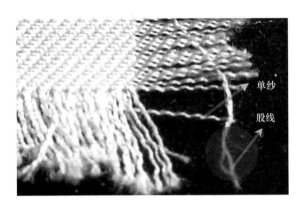

图 1-59　半线织物股线方向为经向

图 1-60　色织物色纱颜色多的为经向

11. 根据交织物的不同原料识别

一般棉毛或棉麻交织的织品，棉为经纱；毛丝交织物中，丝为经纱；毛丝绵交织物中，则丝、棉为经纱；天然丝与绢丝交织物中，天然线为经纱；天然丝与人造丝交织物中，天然丝为经纱。

由于织物用途极广，品种也很多，对织物原料和组织结构的要求也多种多样，因此在判断时，还要根据织品的具体情况来定。

三、织物倒顺方向的识别

印花织物、格子织物、绒毛织物、闪光织物都有倒顺之分。在使用中，要保证毛绒、格子、图案等协调一致，否则会产生色差、反光不均、格子错位等效果不一致的感觉。

1. 绒毛类织物的倒顺毛

起绒组织、起绒加工和植绒的织物，其绒面有倒顺毛之分，因倒顺毛对光线的反射强弱不同，当面料以不同方向裁剪、穿着时，就会产生明暗差别。

立绒类的面料，绒毛直立无倒顺毛之分。平绒、金丝绒、乔其丝绒、灯芯绒、长毛绒和顺毛呢绒倒顺明显，用手抚摸织物表面，绒毛倒伏、顺滑且阻力小的方向为顺毛方向；绒毛撑起、顶逆而阻力大的方向为倒毛方向。灯芯绒、平绒一般采用倒毛制作，而顺毛类呢绒、长毛绒织物则应采用顺毛制作。裁剪时，有倒顺毛的面料应单片裁剪，主副件及各衣片要倒顺一致，使服装整体光泽统一。也可利用倒顺毛反光效果不一致的特性，巧妙搭配，使服装形成明暗错落有致的特殊效果。

2. 闪光面料的倒顺

有些闪光面料有倒顺之别，各方向闪光效应不同，使用不当会影响服装效果。

3. 不对称格子和印花面料的倒顺

有些条子或格子面料是不对称的，具有方向性，称为阴阳条或阴阳格，排料时需按倒顺对条对格。印花面料的花型图案可分为两大类，一类是不规则、没有方向性的图案；另一类是有方向性、有规则、有一定排列形式的图案，如倒顺花、团花等。人物故事、山水虫鱼、动物植物、建筑等图案的面料，使用时应与人体垂直方向保持一致，顺向排列，不可全部颠倒，更不可一片顺、一片倒。如不考虑倒顺格、倒顺花的排列，在视觉上会产生不协调，影响服装档次（图1-61）。

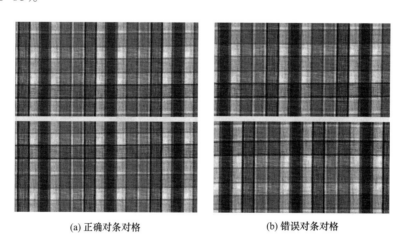

(a) 正确对条对格　　　　　　　　　　(b) 错误对条对格

图 1-61　不对称格子面料的对条对格

【延伸阅读】斜裁（Bias Cut）

斜裁和直裁是两种不同的裁剪方法。直裁是以布料的经纬作为服装悬垂方向的裁剪法。鉴于布料的经纬方向具有比较好的稳定性，所以直裁是千百年来延续至今的一种基本的服装裁剪方法。斜裁是以布料经纬的45°夹角作为服装制作的基准点和悬垂方向的斜向裁剪，其基本原理是利用布料斜向所具有的拉伸特性，将纸样斜过来剪裁，纸样的斜向中心线与布料的经向呈45°夹角。布料斜向裁剪不但会产生极佳的悬垂感而且布料的光泽也会随之发生变化。一般而言质地柔软具有一定悬垂感的丝绸面料非常适合斜裁。斜裁服装有着自然、飘逸、柔和、流畅、贴体的立体造型视觉效果。

斜裁由法国时装设计师马德莱尼·维奥耐特首创,被后人尊称为"斜裁之母"。马德莱尼·维奥耐特的斜裁法是一种难度较高的斜向裁剪，是利用布料斜向的自然拉伸和向下悬垂性，按人体形状和款式要求在布料上进行直向和斜向交叉裁剪。为使斜裁准确合理，斜裁制板时，一般要先在模特人台上进行缠绕、打褶、别布，摸索款式的成型规律和结构特点，然后再进行裁剪缝制。最终塑造出比较理想的服装外观形态，并恰如其分地包裹人体的身躯。

马德莱尼·维奥耐特的斜裁法与我国传统意义上的"斜裁"不一样，我国的"斜裁"只是将直裁的纸样斜向摆放裁剪，虽然也利用了布料斜向丝缕的悬垂性，但整体的服装结构还是无法改变其直裁性质，也无法达到真正斜裁所具有的惟妙惟肖的造型效果。

斜裁将布料的运用推向了极限。斜裁讲究线条的流畅以及不对称的衣片组合。斜裁的衣裙看似紧紧地包裹着人体，但绝不是紧绷，它的活动余量会在服装自然成型的空间中得到释放，这是斜裁利用布料斜向拉伸的结果。由于斜裁要求布料门幅比较宽，故整体连接的斜裁极为罕见，大多数设计师和裁剪师只能根据布料门幅的宽度设计斜裁。当布料门幅不够时，一般是在衣摆货裙摆处进行镶拼连接。另外，衣裙边缘和下摆部位的斜裁设计，往往会采用方形、三角形、半圆形、菱形等几何图形，通过与衣片的组合来进行裁剪造型。

采用斜裁制作的服装，无论是穿着的形态结构，还是穿着的视觉感受，大都能与人体达到一种自然的协调，并能随着肢体动作，呈现出波浪翻卷的飘然起舞的"浮动"效果。这种在平面或者模特人台上进行斜向裁剪的造型方式，正演绎着一种全新的服装设计与制作的时尚理念（图 1-62）。

(a) 蓝黑丝绸拼接的斜裁连衣裙　　　　　　　　(b) 范思哲的斜裁裙子

图 1-62　斜裁的服装

【岗位对接】裤缝歪斜现象

为什么裤缝会产生偏歪?

主要有四个影响因素:一是面料本身有纬斜问题,二是制图方面,三是缝制不当(包括制作与熨烫),四是穿着者的腿型不标准。不管在单件的裤子制作过程中,还是裤子的批量生产中,因制图、排板方面及缝制不当造成裤线歪斜十分常见,即使在制图、裁剪正确的情况下也有可能会产生上述现象。排除布料原因后,产生上述毛病的原因主要是面料使用不当造成的,一是因为排料或裁剪时未按丝绺方向,产生经斜现象,在斜纹织物裤子、牛仔裤中常见;二是因为制作者在缝制时没有掌握裤子的制作要点,在正常的缝制过程中,一定要考虑缝纫机的送布牙与压脚对被缝制的裤子所产生的作用。比如两片布料在缝制时,稍不注意上下两层布长短不一,在下面一层的面布料要短,上面的那一片布料要长,这是因这送布牙带着下面的一片面料向前比较快,而上面的一片面料由于压脚的作用向后赶容易长,如果我们把长出的部分裁掉的话就会造成裤线的歪斜。特别是对于松软的毛织物,这种裤线歪斜的毛病就更为常见。另外熨烫时,操作不当也会造成裤缝歪斜。

【课后练习】

一、选择题

1. 下列性能中,哪一项是苎麻织物所不具有的 （　　　）

    A. 吸湿散湿快　　　　　　　　　　B. 透凉爽滑,不贴身

    C. 表面有不规则粗节纱　　　　　　D. 手感柔软,保暖好

2. 我们日常穿的袜子、羊毛衫是由下列哪种织法织成的 （　　　）

    A. 机织　　　　　B. 针织　　　　　C. 非织　　　　　D. 不织

3. 下面哪种织物是色织布 （　　　）

    A. 经过染色而成的素色布　　　　　B. 经、纬纱用不同颜色的纱线织成的织物

    C. 经过印花工序,表面具有花纹的织物　D. 经、纬纱用不同原料的纱线织成的织物

4. 下列哪种性能是针织物所不具备的 （　　　）

    A. 良好的伸缩性　　B. 良好的成型性　　C. 良好的尺寸稳定性　　D. 易勾丝,易卷边

二、判断题

1. 色布即色织织物。 （　　　）

2. 平纹组织织物交织最频繁。 （　　　）

3. 缎纹组织织物手感最柔软。 （　　　）

4. 平纹组织织物正反面相同,而斜纹和缎纹组织织物正反面明显不同。 （　　　）

5. 一般织物采用纬密大于经密配置,有利于生产效率的提高。 （　　　）

6. 机织物中若经纬纱粗细不同,通常粗的纱线为纬纱。 （　　　）

三、课外训练

请将课堂所发面料及自己所收集面料,按正确粘贴方式粘贴,标注织物名称、纤维原料、纱线结构、织物组织、印染方式、织物特点、织物用途,并制作成册,要求美观实用。

项目二　面料的采购

❋ 项目导入

面对成千上万种面料，我们怎么采购合适的品种呢？制成服装后是否符合我们设计的性能要求，面料的成分、规格能否使服装达到要求的品质，价格是否合理，都是面料采购人员所必须考虑的问题，此外还须签订采购合同并完成采购任务。此时，面料的采购对于服装设计效果和成本都会有很大影响。

❋ 项目目标

1. 学会如何使用感官法、燃烧法、显微镜观察法识别纤维原料，认识纤维。
2. 根据综合鉴别法，使用简便的方法准确、快速鉴别面料。
3. 学会测试织物的规格，了解织物定价规律。
4. 了解织物外观质量的识别方法。
5. 能根据要求，完成面料采购单。

任务 2-1　识别纤维

❋ 关键词

感官法、燃烧法、显微镜观察法、纤维分类、纤维商品名及代号。

❋ 任务描述

1. 目的：利用手感目测、燃烧等方法来认识各种纤维。
2. 要求：学生 2 人一组，手感目测观察各种纤维长短、粗细、光泽、软硬等；学生 2 人一组，使用燃烧法研究各种纤维燃烧特征；使用显微镜，对照照片观察纤维纵横向形态；将所发纤维粘入表 2-1，并填写表中内容。
3. 地点：一体化教室。
4. 备用材料：上课前需准备棉、麻、丝、毛、粘胶纤维、莱赛尔纤维、涤纶、锦纶、腈纶等纤维各若干。
5. 教学建议：老师以"教、学、做"一体化的方式来教学。按分组研究——讨论总结——验证的步骤进行教学。

表2-1　认识纤维

纤维种类及实物	外观			燃烧情况				
	长度、粗细	手感	状态	近焰	焰中	离焰	气味	灰烬
1								
2								
3								
4								
5								
6								
7								

一、感官鉴别法

感官鉴别法也称手感目测法，根据原料纤维的外观形态、色泽、手感及强力等特点，通过人的感觉器官，手摸、眼看的方法，凭经验来初步判断出纤维种类。这种方法简便，不需要任何仪器，但需要鉴别员有丰富的经验。

手感目测法是鉴别纤维最简单的方法。它是根据纤维的长度、细度等外观形态、色泽、手感及弹性等特征来区分天然纤维棉、麻、毛、丝及化学纤维。此法适用于呈散纤维状态的纺织原料。

1. 长度与整齐度

天然纤维的长度、整齐度较差，化学纤维的长度、整齐度较好。天然纤维中棉、麻、毛属于短纤维，它们的纤维长短差异都很大，长度整齐度也差。棉纤维比苎麻纤维和其他麻类的工艺纤维、毛纤维均短而细软，常附有各种杂质和疵点。麻纤维手感较粗硬，亚麻是工艺纤维。苎麻纤维较长，但因含胶质，纤维表面粗糙，细度不匀且手感较硬。羊毛纤维较长且卷曲、柔软而富有弹性。蚕丝是长丝，长而纤细，具有特殊的光泽。因此，呈散纤维状态的棉、麻、毛、丝很易区分。

2. 强度与伸长度

拉伸纤维时，棉、麻的伸长度较小；毛、醋酯纤维的伸长度较长；蚕丝、粘胶纤维及大部分化学纤维伸长度适中。而氨纶在拉伸时，伸长特别大，甚至可伸长自身长度的6~8倍，回复率100%，这一性能可作为鉴别氨纶的有力依据。涤纶与锦纶外观十分相似，但锦纶受力时比涤纶更易伸长变形。同时，蚕丝、麻、棉、合成纤维强度很高，毛、粘胶纤维、醋酯纤维则较弱，化学纤维中，只有粘胶纤维的干、湿态强力差异大。利用这些特征，就可将它们区别开来。除粘胶纤维、氨纶外，其他化学纤维因其外观特征（如长度、细度、色泽等）在一定程度上可人为而定，所以用手感目测法是无法区别的。

常见纺织纤维的感官特征见表2-2。

表2-2　常见纺织纤维的感官特征

纤维种类		感官特征
天然纤维	棉	纤维短而长短不一，细而柔软
	麻	纤维粗硬，手感硬爽，亚麻淡黄色呈束状，苎麻较长亮而白
	丝	细长而均匀的长丝，手感柔软，光泽柔和
	毛	纤维粗长，有自然卷曲，呈乳白色，手感丰满、富有弹性
化学纤维	粘胶纤维	手感柔软，湿强大大低于干强，有光粘胶丝有刺眼的白色光泽
	其他化纤	涤纶、锦纶、腈纶、维纶等纤维 长短、粗细整齐而均一

二、燃烧鉴别法

利用各种纤维物理化学性能的不同，根据纤维燃烧时的特征可以区分纤维的品种大类。首先从织物中抽取几根纱线，观察纤维在接近火焰时的状态、在火焰中燃烧的速度、火焰的颜色状态、发出的气味、离开火焰后能否续燃、续燃速度及最后灰烬的颜色状态，根据纤维在燃烧时所发生的变化，可大致判断出燃烧的纤维试样的品种大类:纤维素纤维、蛋白质纤维、合成纤维。如有丰富的经验，结合手感目测法，便可基本确定常见纤维种类。

具体步骤是先将试样慢慢地接近火焰，观察试样在火焰热带中的反应;再将试样放入火焰中观察其燃烧情况;然后将试样从火焰中取出，观察其燃烧情况。同时，闻试样燃烧时产生的气味，并观察试样燃烧后灰烬的特征等综合判断。具体过程如图2-1所示。

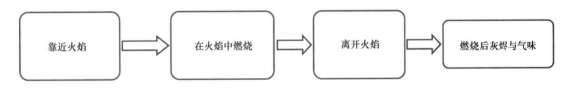

图2-1　燃烧鉴别法的判断过程

几种常见纤维的燃烧特征见表2-3。

表2-3　各种纤维燃烧时的特征

纤维	近焰时现象	在焰中	离焰以后	嗅觉	灰烬形状
棉	近焰即燃	燃烧较快	有余辉	燃纸味	极少、柔软、黑色或灰色
毛	熔离火焰	熔并燃	难续燃，会自熄	烧羽毛味	易碎、脆，黑色
丝	熔离火焰	燃时有啾啾声，燃时飞溅	难续燃，会自熄	烧羽毛味	易碎、脆，黑色
麻	近焰即燃	燃时有爆裂声	续燃冒烟，有余晖	燃纸味	极少、柔软、黑色或灰色

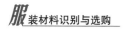

纤维	近焰时现象	在焰中	离焰以后	嗅觉	灰烬形状
粘胶纤维	近焰即燃	燃烧	续燃极快无余晖	烧纸夹杂化学品味	除无光者外均无灰，间有少量黑色灰
锦纶	近焰即熔缩	熔燃，滴落并起泡	不直接续燃	似芹菜味	硬、圆、轻、棕到灰色，珠状
涤纶	近焰即熔缩	熔燃	能续燃，少数有烟	极弱的甜味	硬圆，黑或淡褐色
腈纶	熔，近焰即灼烧	熔并燃	速燃、飞溅	弱辛辣味	硬黑，不规则或珠状

三、显微镜观察法

显微镜观察法是利用显微镜观察纤维的纵向和横截面形态特征来鉴别各种纤维，即借助放大 100~600 倍的显微镜观察纤维纵向和截面形态来识别纤维。

各种天然纤维与化学纤维的形态特征明显而独特，因此用生物显微镜放大后观察，容易鉴别，准确率高。天然纤维有其独特的形态特征，如羊毛的鳞片、棉纤维的天然转曲、麻纤维的横节竖纹、蚕丝的三角形截面等，故天然纤维的品种较易区分。化学纤维中粘胶截面为带锯齿边的圆形，有皮芯结构，可与其他纤维相区别。而合成纤维大多纵向平滑，呈棒状，横截面为圆形，如涤纶、腈纶、锦纶等，在显微镜中就无法确切区别，只能借助其他方法进行鉴别。尤其近年来，化学纤维飞速发展，异形纤维种类繁多，在显微镜观测中必须特别注意，以防混淆。例如，蚕丝截面呈三角形，但异形纤维也能做成三角形。所以用显微镜对纤维进行初步鉴别后，还必须进一步验证，必须以准确率较高的方法为依据进行鉴别。对于复合纤维、混抽纤维等，由于纤维中具有两种以上不同的成分或组分，利用显微镜观察，配合进行切片和染色等，可以先确定是双组分、多组分或混抽纤维，再用其他方法进一步鉴别。表 2-4 为几种天然纤维和常规纺丝的化学纤维的纵横截面形态特征。

所以显微镜观察法对棉、麻、丝、毛等天然纤维的鉴别准确率较高，而化学纤维的鉴别一般不采用此种方法。

表 2-4　纤维纵横向形态特征

纤维	纵向形态特征	横截面形态特征
棉	扁平带状，有天然转曲	腰圆形，有中腔
羊毛	纵向自然卷曲，表面有鳞片	圆形或接近圆形、有些有毛髓
桑蚕丝	平直	不规则三角形
苎麻	横节、竖纹	腰子形，有中腔及裂缝
亚麻	横节、竖纹	多角形，中腔小
粘胶纤维	纵向有沟槽	有锯齿，形成多页形边缘
醋酯纤维	有一两根沟槽	圆形或哑铃形

纤维	纵向形态特征	横截面形态特征
涤、锦、丙、氨	平滑	圆形或近圆形
腈纶	平滑或有一两根沟槽	接近圆形或哑铃形
维纶	有一两根沟槽	腰圆形，有皮芯结构

　　几种天然纤维和常规纺丝的化学纤维的纵横截面形态如图 2-5 所示。

表 2-5　纤维纵横向形态

纤维	纵向形态	横截面形态
棉	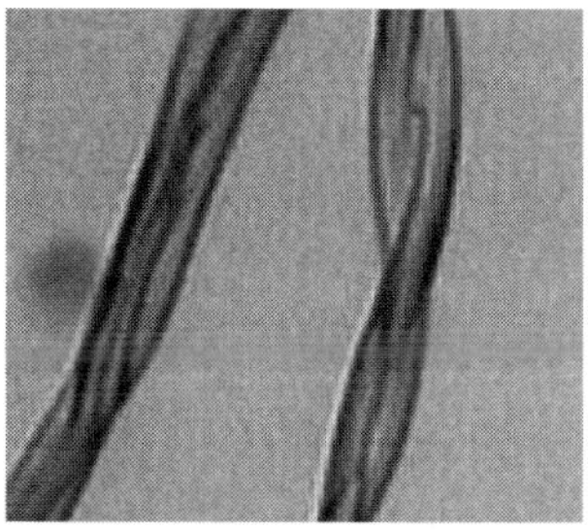	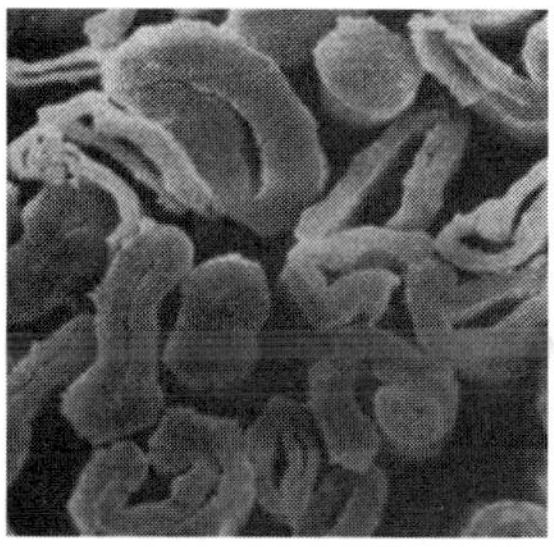
羊毛	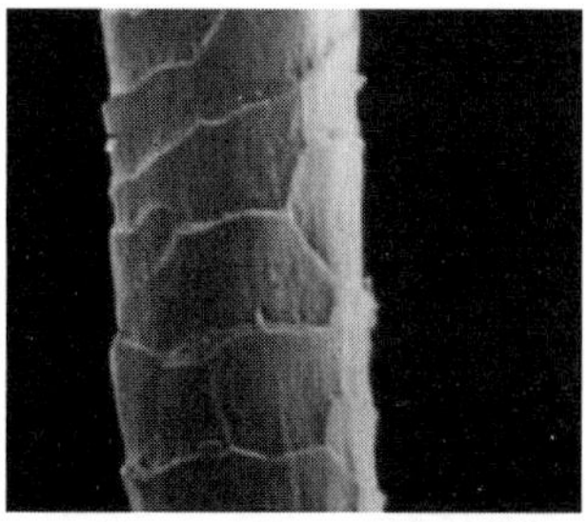	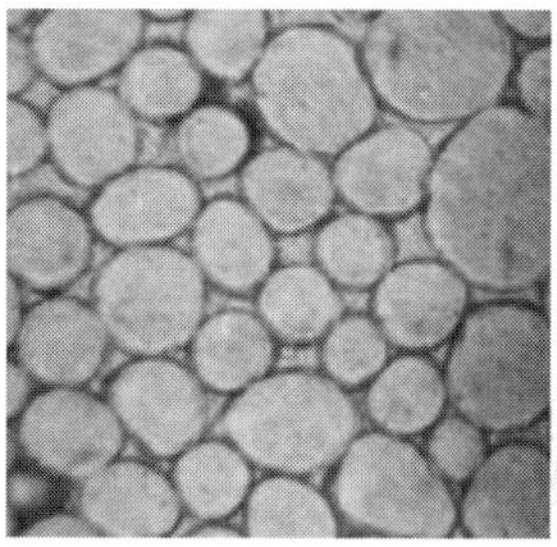
桑蚕丝	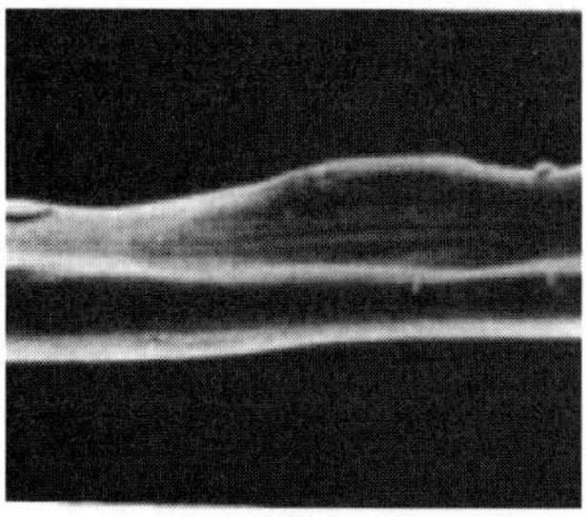	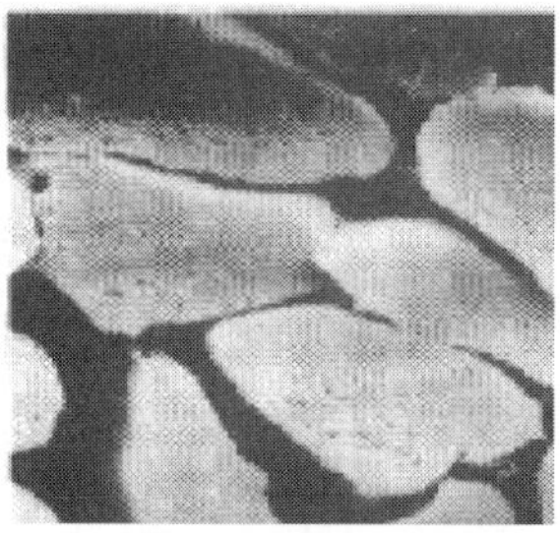
苎麻	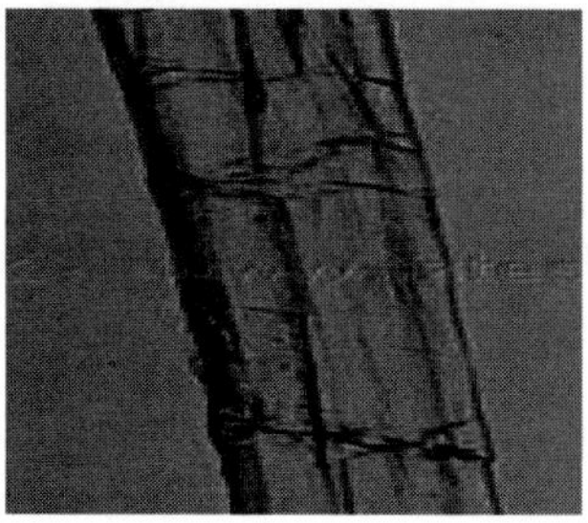	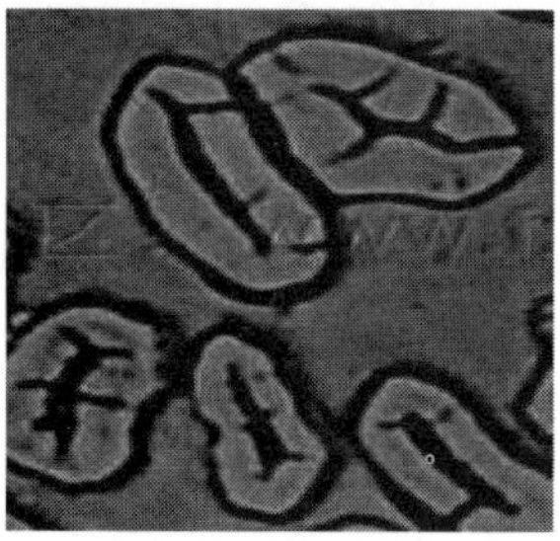

纤维	纵向形态	横截面形态
亚麻		
粘胶纤维		
涤纶、锦纶、丙纶、氨纶		
腈纶		

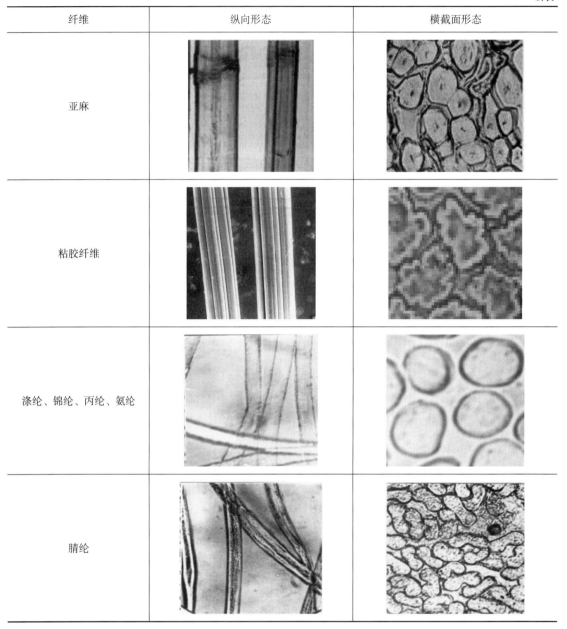

四、化学溶解法

化学溶解法是根据各种纺织纤维的化学组成不同，利用各种纤维在不同的化学溶剂中的溶解性能不同进行鉴别，适用于各种纯纺织物及混纺织物，包括已染色的和混纺的纤维、纱线和织物，并可定性、定量的分析出混纺面料中各纤维成分的比例，具有可靠、准确的优点。特别是对于合成纤维织物来说，使用以上几种方法很难准确识别，而通过化学溶解法可作出准确判断。因此，这一方法的应用十分广泛。

在手感目测和显微镜观察等初步鉴别后，再用溶解法进行证实，就可以确定各种纤维的具体品种。常见纤维的溶解性能见表2-6。必须注意，纤维的溶解性能不仅与溶液的种类，而且与溶液的浓度、溶解时的温度和作用时间、条件等都有关系。因此，具体测定时，必须严格控制试验条件，按规定进行试验，其结果方能可靠。

表2-6 常见纺织纤维的化学溶解性能

化学溶剂（浓度、温度）纤维种类	盐酸 37% 24℃	硫酸 60% 24℃	硫酸 98% 24℃	氢氧化钠 5% 煮沸	甲酸 85% 24℃	冰醋酸 24℃	间甲酚（浓）室温	二甲基甲酰胺 24℃	二甲苯 24℃
棉	I	I	S	I	I	I	I	I	I
麻	I	I	S	I	I	I	I	I	I
羊毛	I	I	I	S	I	I	I	I	I
蚕丝	S	S	I	S	I	I	I	I	I
粘胶纤维	S	S	S	I	I	I	I	I	I
醋酯纤维	S	S	S	P	S	S	S	S	I
涤纶	I	I	S	SS	I	I	S（加热）	S	I
锦纶	S	S	S	I	S	I	S	I	I
腈纶	I	I	S	I	I	I	I	S	I
维纶	S	SS	S	I	S	I	S	I	I
丙纶	I	I	I	I	I	I	I	I	S
氯纶	I	I	I	I	I	I	I	S	I
氨纶	I	SS	S	I	I	P	S	S（40~50℃）	I

注 S—溶解；I—不溶解；SS—微溶；P—部分溶解。

对单一成分的纤维，可在溶解容器中直接观察，若要鉴别混纺纱线织物的纤维种类，可在显微镜的载物台上放上试样，再在试样上滴上溶液，然后在显微镜中观察纤维的溶解情况，分析混纺产品的混合成分。溶解法除了能够定性分析纤维的品种外，还能对各种混纺纱线织物进行混纺比的定量分析。双组分纤维的混合成分，也可以用溶解法进行定性和定量分析。

五、试剂着色法

这种方法是根据各种纤维的化学组成不同，对某种化学药品有不同着色性能来鉴别的。此法只适用于没有染色或只染浅色的单一成分的纤维和产品。常用着色剂有碘—碘化钾溶液和锡莱着色剂A。着色时，将纤维或纱线浸入上述着色剂中30~60s，取出，用清水充分冲洗干净，挤干水分，根据着色情况的不同可判断出纤维的品种。几种常见纤维的着色情况见表2-7。

表2-7　几种常见纤维的着色情况

纤维	锡莱着色剂A着色	用碘、碘化钾着色	HZ1号着色剂着色
棉	蓝	不染色	灰
麻	紫蓝（亚麻）	不染色	青莲（苎麻）
蚕丝	褐	深黄	深紫
羊毛	鲜黄	淡黄	红莲
粘胶纤维	紫红	黑蓝青	蓝绿
铜氨纤维	阴紫蓝	黑蓝青	—
醋酯纤维	绿黄	黄褐	橘红
维纶	褐	淡蓝	玫红
锦纶	淡黄	黑褐	酱红
氯纶	不染色	不染色	—
腈纶	微红	褐	桃红
涤纶	微红	不染色	红玉
丙纶	不染色	不染色	鹅黄
氨纶	—	—	姜黄

六、系统鉴别法

对于一些常见的纤维品种，一般采用前述鉴别方法，加以适当地组合，基本上就能解决问题。但是纺织纤维的新品种越来越多，纤维的鉴别工作也越来越复杂，一般应根据具体条件，选择适当的方法，由简到繁，范围由大到小，同时用几种方法来最后证实，才能准确无误地将纤维鉴别出来。有时试样数量有限，要尽可能低耗。在实际工作中往往不能仅用一种方法，必须合理地综合运用几种方法，系统地加以分析。因此，就需要组合一套系统合理的鉴别程序才能准确鉴别，这就是系统鉴别法。

系统鉴别法的一般试验程序是先将未知纤维稍加整理，如果不属于弹性纤维，可采用燃烧法将纤维初步分成纤维素纤维、蛋白质纤维和合成纤维三大类。纤维素纤维和蛋白质纤维有各自不同的形态特征，用显微镜法就可鉴别。合成纤维一般采用溶解法加以鉴别。当然，若需定性定量的分析混纺织物的成分时，就必须采用化学溶解法。

七、其他

在实际应用中，除以上介绍的几种方法外，还有许多行之有效的鉴别纤维的方法，如熔点法、密度法、荧光法、红外吸收光谱和 X 射线衍射图等。根据纤维密度来鉴别，称为密度测定法；根据纤维的熔点来区分可熔融纤维，称熔点差异法；利用现代手段，记录各种纤维的红外吸收光谱和 X 衍射图，一次鉴别纤维，称为红外光谱法。但这些方法使用起来较为不便，在生产实际中较少使用。

任务 2-2　纤维来源与特性

一、天然纤维来源与特性

1. 天然纤维素纤维（Plant Fibre）

（1）棉纤维（Cotton）。早在公元前 3000 年，古印度人就已经使用棉花，宋朝开始在我国推行，至今仍是纺织工业的重要原料。棉纤维是棉花种子上覆盖的纤维，属于种子纤维（Seed Fibers），在使用前要把纤维和棉籽分开，得到的纤维叫原棉或皮棉。根据棉纤维的长度和细度，可把棉分为细绒棉、长绒棉、粗绒棉三类。细绒棉又称陆地棉，长度为 23~33mm，细度为 1.5~2dtex，最早在美洲大陆种植而得名，栽种最广，产量最高，占世界棉花总产量的 85% 以上；长绒棉又称海岛棉，长度为 33~45mm，细度为 1~1.9dtex，原产美洲西印度群岛，现主要生产于埃及、苏丹、美国、摩洛哥等国，我国仅新疆、上海、广州少量种植，纤维品质优良，较细绒棉细且长度长，色泽乳白或淡棕黄，富有丝光，强力较高，是高档棉纺产品的原料；粗绒棉原产印度，又称亚洲棉，长度 15~24mm，细度为 2.5~4dtex，纤维粗短色泽呆白，产量低，纺织价值低，现趋淘汰。按色泽，棉花可分为白棉（洁白、乳白、淡黄）、黄棉、灰棉、彩棉。棉花及其产品如图 2-2 所示。

图 2-2　棉花及其产品

棉纤维由于天然转曲的存在，纤维光泽暗淡，但吸湿性能较好，穿着时有很好的吸湿透气性，不易产生静电。棉纤维易于染色，所以可以上染各种颜色，可用蜡染、扎染设计带民族风格的服饰。另外，棉手感柔软、保暖性能良好，可做贴身服饰及保暖的絮料。棉纤维的延伸性和弹性较差，经摩擦后会断裂，造成织物变薄、破裂，经常折叠的地方易损坏吸湿性能好，在吸水以后纤维的强度反而增大，故棉织物耐水洗。由于棉纤维的耐热性好，织物可用热水浸泡、高温烘干及高温熨烫，温度可达190℃，垫布后可用更高的熨烫温度。棉纤维易发霉变色，存放时要置于通风干燥处。

棉纤维吸水后会膨胀，织物长度会产生收缩且缩水率大，在加工前要进行预缩处理。棉纤维耐碱而不耐酸，可用碱性洗涤剂水洗。在一定浓度的氢氧化钠溶液或液氨中处理后纤维横向会发生膨化，截面变圆，天然转曲消失，使纤维呈现丝一般的光泽；如果在膨化的同时再给织物施以一定的张力，则纤维的强力会增加，此时织物也会变得平整光滑，并可改善染色性能和光泽，这一加工叫丝光。针织、机织物均可进行丝光。如果此时不施加张力，织物长度会产生收缩，织物会变得丰厚紧密，富有弹性，保形性好，这一加工叫碱缩，主要用于针织物。利用酸的溶解性能，可将棉与涤纶的混纺或交织织物加工成烂花织物（图2-3）。

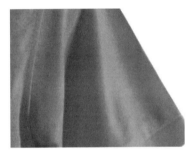  

（a）丝光棉　　　　　　　　　（b）烂花织物①　　　　　　　　　（c）烂花织物②

图2-3　丝光棉与烂花织物

（2）麻纤维（Flax）。麻纤维是人类最早使用的纤维之一，埃及人早在公元前5000多年就开始使用亚麻。麻纤维是从各种麻类植物的茎或叶中取得，从麻类植物的茎中取得的叫茎纤维（韧皮纤维），而从麻类植物的叶子取得的纤维叫叶纤维，在服装上使用的大都是茎纤维。服用麻纤维的品种主要有苎麻、亚麻、黄麻、大麻、洋麻、罗布麻和苘麻等（图2-4）。

（a）苎麻　　　　　　　　　　（b）亚麻　　　　　　　　　　（c）大麻

图2-4　麻纤维植株

①苎麻（Ramie）。苎麻原产于中国，通常称"中国草"，纤维的品质优良，有较好的光泽，呈青白色或黄白色，是麻纤维中最优良的服用原料。苎麻可纯纺或与涤纶混纺成较细的纱线，制成的织物手感硬挺，穿着凉爽透气，不易贴身，是很好的夏季服装用料。

②亚麻（Flax）。亚麻是最早使用的麻纤维。亚麻的适应性强，种植区域很广，我国主要产地是黑龙江、吉林等省。单纤维长度较短，采用半脱胶的方式，使几十根纤维粘结在一起，形成有一定长度、细度的可以用来纺成纱线的工艺纤维。纤维品质较好，半脱胶后呈淡黄色，比苎麻纤维柔软，可纯纺，也可与苎麻、棉纤维、化学纤维混纺。织物用于服装或抽纱绣用布。麻纤维加工及麻织物服装如图2-5所示。

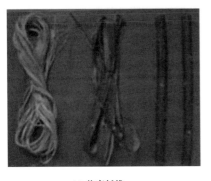
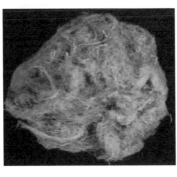

(a) 苎麻纤维　　　　　　　　　(b) 亚麻纤维　　　　　　　　　(c) 亚麻衬衫

图2-5　麻纤维加工及麻织物服装

③其他麻纤维。除了苎麻和亚麻外，用于服装的麻纤维还有大麻（Hemp）、罗布麻（Apocynum）、洋麻（Kenaf）、黄麻（Jute）等多种。罗布麻属野生植物，纤维较柔软，表面光滑，有保健作用；大麻有天然抑菌功能，穿着不刺身，能屏蔽紫外线辐射。洋麻和黄麻也由于具有很好的吸湿透气性而逐渐被应用于服装生产当中。其他麻纤维及其产品如图2-6所示。

(a) 菠萝麻　　　　　　　　　(b) 剑麻　　　　　　　　　(c) 罗布麻

(d) 菠萝叶纤维织物　　　　　　(e) 剑麻织物　　　　　　(f) 罗布麻混纺T恤

图2-6　其他麻纤维及其产品

麻纤维的光泽较好，有自然颜色，一般不是白色而是呈象牙白、棕黄、灰等色，纤维之间还有色差且不易漂白染色。因此，麻纤维织成的织物颜色不均匀，多染为浅灰、浅米、深色颜色，色泽鲜艳的麻布不多。麻纤维的粗细差异大，长短不一，它纺成的纱线条干粗细不均匀，最终造成麻织物有一种粗细明显条影的麻状外观，非常粗犷豪放，具有立体感。麻的硬度大，穿着时不易变形，但麻的弹性差，一旦起皱后不易恢复，做面料等需经防皱整理。人们也正在研究对麻纤维进行改性，如柔软、抗皱或烧毛整理，或与较柔软或抗皱性较好的纤维混纺，使其成为理想的服装材料。

麻纤维导热性能比其他纤维强，吸湿能力强且吸放湿速度快，穿着凉爽，特别适宜制作夏季服装。麻纤维刚度也大，因此在穿着时易吸汗且出汗后不易沾身。同时，由于麻吸湿好，不易产生静电。

麻纤维是天然纤维中拉伸强度最高的纤维，湿态下强度比干态约高20%，因此麻织物较耐用耐水洗。由于麻纤维主要成分是纤维素，故可用碱性洗剂水洗。同时，麻纤维耐热性较好，可用高温熨烫。麻纤维的延伸性是天然纤维中最小的，较脆硬，压缩弹性差，因此麻易断裂，在常折叠的地方会断裂，所以在保存时不能折叠。褶裥处不宜重复熨烫，设计时要避免褶裥等造型。麻纤维抗霉、防蛀性能较好，易于保管。

2. 天然蛋白质纤维（Animal Fibre）

（1）毛纤维（Wool and Hair）。天然动物毛的种类很多，服装常用的毛纤维有绵羊毛、山羊绒、马海毛、兔毛、羊驼毛、牦牛毛（绒）。服装面料中使用量最多的是绵羊毛，在纺织上所说的羊毛狭义上专指绵羊毛。

① 羊毛（Wool）。羊毛可分为细羊毛、半细羊毛、粗羊毛，以细羊毛的细度最细、质量为最好，其中又以澳大利亚美利奴羊毛为最好。细羊毛毛质均匀，手感柔软而有弹性，光泽柔和，可纺性能和服用性能都很好。刚从羊毛身上剪下来的毛叫原毛，原毛里含有较多的油脂、羊汗和植物性杂质，必须经过洗毛、炭化工序除去各种杂质才能应用于纺织生产。

羊毛纤维沿长度方向天然的立体卷曲，表面覆盖有鳞片。鳞片层一是保护羊毛不受外界条件影响，二是它的存在使羊毛织品具有缩绒性，即羊毛在热、湿和揉搓等机械外力的作用下，纤维发生相互间的滑移、纠缠、咬合，使织物发生毡缩而尺寸缩短，无法回复，这种现象叫缩绒。在日常生活中，羊毛织品洗涤不当就会发生缩绒。工业上为防止缩绒，可采用破坏鳞片或填平鳞片来使羊毛表面变得光滑，从而避免产生缩绒（图2-7）。利用羊毛的缩绒可制作一些缩绒织物，它们表面具有一层绒毛，比较厚实、手感柔软丰满、保暖性能良好，是典型的粗纺毛制品的特征。

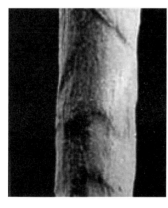

图2-7 去除鳞片羊毛纵向图

羊毛的强度较小、弹性和延伸性好，制成的织品有身骨且不易起皱。由于羊毛的弹性较好，织物的褶皱经悬挂后会恢复，但羊毛吸湿后弹性下降，衣服易变形变皱，所以羊毛织品怕雨淋。羊毛纤维的吸湿能力较强，在吸湿后不易显潮，所以在穿着时舒适透气。羊毛纤维具有天然的卷曲，蓬松性好，所以非常保暖。但低质毛因为刚度大，穿着时会引起刺痒感。羊毛光泽柔和，染色性能优良，是冬季内外衣的良好材料。羊毛服装如图 2-8 所示。

图 2-8　羊毛服装

　　羊毛虽然强度较低，但延伸性高，其制成品的耐磨性较好，所以毛织物较耐穿。其耐热性在天然纤维中最差，在 100~105℃的干热空气中蒸干后，纤维开始泛黄发硬；当温度再升高时，纤维就会分解直至全部破坏。因此，羊毛织物不能干烫，应喷水湿烫或垫湿布熨烫。羊毛的主要成分是蛋白质，因此较耐酸而不耐碱，保养时不能用碱性洗涤剂洗涤。洗涤时如用较高温度，羊毛会发生纠缠形成毡缩现象，所以也不能高温洗涤。羊毛对氧化剂的作用也比较敏感，不能使用氧化漂白。在水洗时建议用中性洗涤剂、温水并以轻柔的手洗为主。高级服装应使用干洗。如果与涤纶或其他纤维混纺后可以水洗。由于羊毛易被虫蛀，还会发霉，存时要放置樟脑丸，并事先清洗干净。

　　②山羊绒（Cashmere Hair）。山羊绒又称羊绒，是紧贴山羊表皮生长的浓密细软的绒毛。羊绒的光泽好，手感柔滑，具有细腻、轻盈、柔、软保暖性好等优点。

　　据统计，全世界山羊绒年产量为 10000~12000t，而我国产绒量约占世界产绒量的 70%。一只山羊一年仅能产 50~80g 羊绒，即五只山羊一年所产的绒仅可制作一件普通羊绒衫。羊绒产量少，价格高，素有"软黄金"之称。又由于羊绒最早产于亚洲克什米尔地区，国际市场上习惯称山羊绒为"开司米"（Cashmere 音译）。羊绒一般用于生产羊绒衫、围巾、手套等针织品和高档的大衣呢等。

　　根据色彩，羊绒可分为白绒、青绒、紫绒三种。白绒色浅青并带灰白，呈冰糖色，纤维细长、强力高、净绒率高，不可有杂色绒毛夹入。青绒色浅青并带灰白，纤维长，但较粗，强力高，光泽好，允许有少量黑丝毛。紫绒色呈紫褐色，纤维细柔而长，油润细腻，强力高，光泽好，含绒量高，其中允许有白绒、青绒夹入。由于白绒可以染成许多其他颜色，因此价格最高，但有时由于市场供求关系，紫绒价格反而更高。内蒙古绒山羊如图 2-9（a）所示。

(a) 内蒙古绒山羊　　　　　　　(b) 安哥拉山羊　　　　　　　(c) 兔子

图 2-9　常见产毛动物

③马海毛（Mohair Hair）。马海毛又称安哥拉山羊毛，以长度长和光泽亮为主要特征，纤维长而粗，毛长 120~150mm，直径为 10~90μm。由于鳞片少，约为细羊毛的一半，且平阔紧贴于毛干，很少重叠，使纤维表面光滑，色泽洁白光亮。纤维很少卷曲，弹性足、强度高，具有排尘防污性，不易收缩也难毡缩，容易洗涤。对一些化学药剂的作用比一般羊毛敏感，有较好的染色性，吸湿性与羊毛近似。马海毛属于多用性纤维，可纯纺也可混纺，将马海毛掺加入精纺呢绒中，可增加织物竖挺感；掺入大衣呢中，可生产银光闪闪的银枪大衣呢；掺入毛毯中，又能生产出高级水纹羊毛毯。安哥拉山羊如图 2-9（b）所示。

④兔毛（Rabbit Hair）。纺织用兔毛来源于安哥拉兔和家兔。安哥拉兔毛细长，品质优良；家兔品质较次。兔毛有绒毛和粗毛之分，其组成和结构与羊毛和其他纤维相似。兔毛密度小，纤维表面平滑，蓬松易直，长度也比羊毛短一些，所以纤维间的抱合力稍差。如果穿时和其他服装紧密接触和不断摩擦，就容易掉毛、起球。因此，兔毛衫一般不能夹在多层服装中穿。还有一点是易被人疏忽的，即兔毛衫不宜和化纤服装同时穿用。化纤的吸湿性十分差，服装相互摩擦时，会产生静电。衣服带有静电，其纤维就易和其他相邻服装的纤维相互排斥或吸引，甚至发生缠附、黏合现象，这时抱合力稍差的兔毛衫就会变得更容易掉毛起球了。纺织用的兔毛颜色洁白如雪，光泽晶莹透亮，柔软蓬松，保暖性强，是毛织品尤其是针织品的优等原料，做成的服装轻软柔和，保暖舒适。兔毛以轻、细、软、保暖性强、价格便宜的特点而受人们喜爱。由于兔毛强度低，不易单独纺纱，因此多与羊毛或其他纤维混纺，织造成针织品和女士呢、大衣呢等服装面料。兔子如图 2-9（c）所示。

⑤羊驼毛（Alpaca Hair）。羊驼毛又称"驼羊毛"，羊驼一般生长在海拔 4000m 的高原上，主要分布在南美洲的秘鲁、玻利维亚和智利等国，大部分已饲养成家畜。其中以秘鲁产羊驼毛最多，占世界总产量的 90% 左右，几乎全部出口。羊驼毛有白色、浅褐黄、灰、浅棕、棕色、深棕、黑色及杂色等 8 种。它有两个品种，一种是纤维卷曲，具有银色光泽；另一种是纤维平直，卷曲少，具有近似马海毛的光泽，常与其他纤维混纺用于制作高档服装。羊驼如图 2-10（a）所示。

⑥牦牛绒（Yak Hair）。牦牛是我国青藏高原一种珍奇物种，青藏高原牦牛的总头数约占世界数量的 85% 以上，牦牛绒产量约占世界 90% 以上。牦毛绒多为黑色、黑褐色或夹杂有白毛，

不利染色。甘肃产的白牦牛绒则属珍品。牦牛绒很细，平均细度在 $18\mu m$ 左右，长约 30mm，有不规则弯曲,鳞片呈环状边缘整齐,紧贴毛干。牦牛绒本身独特的风格及其良好的物理性能，用其制成的牦牛绒面料具有独特的保暖性和穿着服用性，富有弹性，手感柔软、滑、挺、糯，光泽柔和，悬垂性能好。牦牛绒可与羊毛、化纤、绢丝等混纺作精纺、粗纺原料。而牦牛毛则粗得多，平均细度约 $70\mu m$，长度也较长，约 110mm，有毛髓，纤维平直，表面光滑，刚韧而有光泽，毡缩性差，可作衬垫、帐篷及毛毡等。牦牛如图 2-10（b）所示。

(a) 羊驼　　　　　　　　　　　　　　(b) 牦牛

图 2-10　羊驼、牦牛

（2）蚕丝（Silk）。蚕丝原产于中国，已有七千多年的历史，是一种天然蛋白质纤维。蚕丝纤细而柔软，光泽优雅悦目，其产品华丽而富贵，是其他纤维和织物所不能及的，属于高档纺织服装原料。

蚕丝是蚕的腺分泌物吐出以后凝固形成的线状长丝，其主要成分是蛋白质。蚕吐出来的是两根单丝，在外面包覆丝胶。每根长丝的长度可达数百米到上千米，纵向平直光滑，富有光泽，截面呈不规则的三角形。蚕丝从蚕茧上分离下来后经合并形成生丝。由于生丝外面包有丝胶，因此生丝的手感较硬，光泽较差，一般要在后面的加工中脱去大部分的丝胶，形柔软平滑光泽悦目的熟丝。蚕丝及其服装如图 2-11 所示。

按蚕的品种,蚕丝可分为家蚕丝和野蚕丝。家蚕丝即桑蚕丝。野蚕丝有柞蚕丝、蓖麻蚕丝、木薯蚕丝、柳蚕丝、天蚕丝等。其中柞蚕丝是野蚕丝中使用最广的一种。

在纤维形态方面，桑蚕丝纵向平直光滑，截面呈不规则的三角形；柞蚕丝纵向表面有条纹，内部有很多毛细孔，截面也呈三角形，只是比桑蚕丝更扁平。在颜色上，桑蚕丝白光泽好，柞蚕丝略黄，光泽不如桑蚕丝。在物理性能上，柞蚕丝强度、牢度、吸湿性、耐热性、耐化学性比桑蚕丝好，但比桑蚕丝容易起水渍。

未脱胶前，桑蚕丝为白色或淡黄色，脱胶后变为白色；柞蚕丝未脱胶前呈棕、黄、橙、绿等色，脱后变为淡黄色。未脱胶的生丝较硬挺，光泽柔和，脱胶后变得柔和而有弹性，光泽变亮。蚕丝染色性能好，色泽鲜艳，纤维柔软，悬垂性能好。家蚕丝触感柔软舒适，有凉爽光滑的手感，野蚕丝有温暖干爽的手感。所有的丝织物在穿着时都吸湿透气，有丝鸣声。

蚕丝具有很好的保温性。蚕丝的导热系数既低于涤纶、丙纶、锦纶，也低于棉、粘胶，

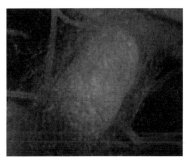  

(a) 蚕茧　　　　　　　　　(b) 厂丝（长把丝）　　　　　　　(c) 真丝晚礼服

图 2-11　蚕丝及其服装

与羊毛、醋酯纤维、腈纶相近，因而是保暖性良好的材料。蚕丝又是多孔性的，有冬暖夏凉的特性。

蚕丝具有良好的吸湿和放湿性。试验测定结果表明，蚕丝的吸、放湿性均好，而棉是吸湿性好而放湿性差的纤维。

蚕丝强度接近棉纤维，弹性好，制成的织物抗皱性能较好。但在温度升高和含水量增加的情况下，蚕丝强度下降，变形增加，故丝织物湿态易起皱，洗后免烫性差。

蚕丝耐弱酸不耐碱，遇到含氯的氧化剂会发生氧化分解，所以在洗涤时不能用碱性洗涤剂，也不能用含氯的漂白剂漂白和含漂白粉的洗涤剂洗涤。蚕丝经醋酸处理后会变得更加柔软光滑，在保养时可用白醋加水漂洗。蚕丝的耐热性在天然纤维中较好，但耐光性较差。在日光照射下，蚕丝易发黄，强度下降。

蚕丝比任何纤维都娇嫩，主要表现为对盐的抵抗力差。若将其放在 5% 的食盐溶液中浸泡较长时间，它的组织将受到破坏，严重影响使用寿命。人体的汗液里含有盐的成分，所以夏天丝绸服装被汗水浸湿后，应马上冲洗干净，千万不要浸泡。蚕丝和羊毛一样，容易被虫蛀也可发霉，因此要做好丝织物的防蛀和防霉。

（3）蜘蛛丝（Spider Silk）。由昆虫分泌的蜘蛛丝的主要成分为蛋白质，外观又细又柔软，具有极好的弹性和强度。直丝的弹性度只有 30%，而横丝的弹性度高达 200%。蜘蛛丝是目前世界上最坚韧且具有弹性的纤维之一，尤其是它的牵引丝在力学性能上具有蚕丝和一般合成纤维无法比拟的突出优势。在强度方面，它与凯夫拉（Kevlar）纤维相似，但是其断裂功却是凯夫拉纤维的 1.5 倍，初始模量比锦纶大得多，达到凯拉夫纤维的高强高模水平。蜘蛛丝的断裂伸长率达 36%~50%，而凯夫拉纤维的只有 2%~5%，因而蜘蛛丝具有吸收巨大能量的性能。在黏弹性方面，蜘蛛丝高于锦纶也高于凯夫拉纤维。

蜘蛛丝具有强度大、弹性好、柔软、质轻、初始模量大、断裂功高等特性，并可以生物降解和回收，是一种性能十分优异的材料。蜘蛛丝具有吸收巨大能量的能力，是制造防弹衣的绝佳材料。蜘蛛丝还可用于结构材料、复合材料和宇航服装等高强度材料。

3. 天然纤维的新发展

目前天然纤维面料正向下面几方面发展。

（1）与基因工程相结合。天然纤维与基因工程相结合，改变了天然纤维的本来面目，扩展了纤维的应用范围，增强了它们与化学纤维的竞争力。目前已经有许多成功的案例，同时还有许多科研工作者正致力于此方面的研究，如彩色棉花、兔角蛋白转基因棉花。

（2）强调轻薄化、柔软化。在人们穿着日益注重个性化、随意化的今天，要求面料趋向轻薄柔软，显示浪漫和潇洒。面对化学纤维的超细化竞争，天然纤维也正向这方面努力，并取得了不错的成果。棉、毛、丝等面料，通过物理或化学方法进行砂洗以达到轻薄化、柔软化。也有使用超长棉、拉细羊毛、等离子体处理、与水溶性的 PVA 纤维混纺再溶解等技术，使面料轻薄柔软。

（3）追求舒适性和易护理性。现在，人们对衣着的要求不仅要求穿暖，还要穿得舒适与健康，追求返璞归真、回归大自然。纯棉织物有防皱免烫整理；麻织物则通过上浆、轧光等工艺改善其易折皱的缺点；羊毛通过防毡缩整理，生产机可洗羊毛衫，甚至生产出了适合夏天穿着的凉爽羊毛服装。

（4）注重与其他纤维的混纺。由于天然纤维性能各异，都具有一定的优点和不足，而且资源有限，因此可以通过混纺使各种纤维取长补短，大大提高产品服用性。例如，以增加光泽的羊毛和马海毛混纺织物，以增加柔软和豪华手感的羊毛和驼毛混纺织物，以增强优雅和潇洒风格的羊毛和棉纤维混纺织物，以增强柔软性和减轻重量的羊毛和锦纶混纺织物，以改进手感和表面效果的羊毛和 Lyocell 纤维混纺织物。

二、化学纤维的生产与基本特性

1. 再生纤维（Regenerated Fiber）

（1）再生纤维素纤维（Regenerated Cellulose Fiber）。

①吸湿透气的普通粘胶纤维（Viscose）与高强的富强纤维（Polynosicrayon）。普通粘胶纤维（简称粘胶纤维）一般以木材、棉短绒、甘蔗渣、芦苇等为原料，再经过一系列的化学与机械方法制成，其主要成分是纤维素大分子，是最早工业化生产的化纤。粘胶纤维不仅具有棉纤维的吸湿、抗静电、柔软等实用性能，而且在悬垂性、染色性等性能上更胜一筹，对棉纤维有很强的替代性。近年来，粘胶纤维进入快速发展时期。

粘胶纤维有长丝和短纤之分。粘胶长丝的光泽像丝一般光亮，但不如丝柔和，俗称人造丝；粘胶短纤和棉、毛一样光泽暗淡，俗称人造棉。

粘胶纤维的手感柔软，悬垂性好，不易起静电，具有良好的抗起毛起球，穿着起来有天然纤维的舒适感，适宜做裙装。但是粘胶纤维的弹性差，织物在使用过程中易起皱。粘胶纤维的导热性好，在穿着时会有凉爽舒适的感觉，比较适于湿热的环境，但在吸湿后纤维的强力下降，纤维发胀变硬，所以粘胶织物不能多洗。

粘胶纤维强力低，耐用性差，不耐磨、不耐洗，缩水严重，在加工前要预缩。富强纤维与粘胶纤维相比，由于改善了纤维的湿态强力差的缺点，因此较耐穿，较耐水洗，缩水率低。粘胶纤维织物洗涤时不宜用酸性洗涤剂，洗后可用高温熨烫，温度略低于棉织物。粘胶纤维织物也易发霉，要避免在高温高湿条件下存放。

②醋酯纤维（Acetate Fiber）。用含有纤维素的天然原料与醋酐发生反应，生成纤维素醋酸酯，经纺丝形成纤维，它已不属于纤维素纤维，因此和粘胶纤维的性能有较大差异。织物悬垂性好，纤维的弹性比粘胶纤维好，所以织物不易起皱。常见品种有二醋酯纤维和三醋酯纤维。二醋酯纤维具有蚕丝织物的光滑和身骨，可制柔软缎类，也可制挺爽的塔夫绸，用于领带、披肩、里料；三醋酯纤维具有较好的弹性和恢复性，以短纤为主产，常用于经编织物，多做罩衫及裙装。

③铜氨纤维（Cuprammonium Rayon）。铜氨纤维是把纤维素溶解于铜氨溶液中，经纺丝并还原而成。铜氨纤维的性能比粘胶纤维优良，可以制成非常细的纤维，为制成高级丝织品提供条件。但由于受原料（铜和氨）的限制，其产量受到一定的限制。

④莱赛尔（Lyocell）纤维。莱赛尔纤维的，商品名叫 Tencel，我国俗称天丝。其生产过程中采用全新溶剂，在制造过中可 99.7% 回收，产品使用后的废品可生化降解，所以称之为"21世纪的绿色纤维"。其面料手感柔软、悬垂性好、吸湿透气、抗静电；有丝光般光泽，制成的服装具有丝绸般悬垂。莱赛尔纤维制成的床上用品如图 2-12（a）所示。

(a) 莱赛尔床上用品　　　　　　　　　　　　(b) 莫代尔服装

图 2-12　莱赛尔床上用品与莫代尔服装

⑤莫代尔（Modal）纤维。莫代尔纤维也是再生纤维素纤维，在干湿状态下都具有更强的拉伸强力和较低的溶胀量，它是棉花理想的混纺伙伴，使同色深浅效应的染色和丝光成为可能。莫代尔纤维有超细、彩色、抗紫外线和强力纤维几大系列产品。

莫代尔纤维面料手感柔软，悬垂性好，吸湿透气性能优于纯棉织物，穿着舒适。其布面平整、细腻、光滑，具有天然真丝的效果。莫代尔纤维面料服用性能稳定，成衣效果好，形态稳定性强，具有天然的抗皱性和免烫性，使穿着更加方便、自然。莫代尔纤维制成的服装如图 2-12（b）所示。

⑥竹纤维（Bamboo Fiber）。竹纤维是一种俗称，严格上包括竹原纤维、竹浆纤维等。竹原纤维是通过对天然竹子进行类似麻脱胶工艺的处理，形成适合在棉纺和麻纺设备上加工的纤维，生产的织物有特殊的风格。竹原纤维的加工过程如图 2-13 所示。

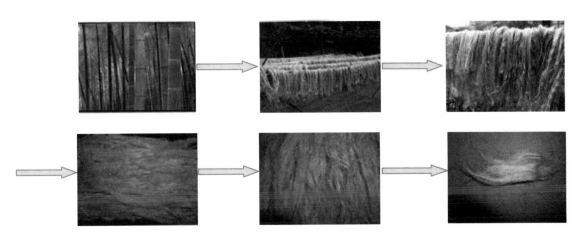

图 2-13 竹原纤维的加工过程

竹浆纤维则是以竹子为原料，通过粘胶生产工艺加工成的新型粘胶纤维，在显现粘胶纤维特性的同时，也体现出竹子特有的手感柔软、滑爽、悬垂性好、飘逸、凉爽等优点。竹浆纤维织物吸湿透湿，具有良好的防水功能，有一定的消臭抗菌作用，耐磨性好，做成的服装不起毛、不起球。竹浆纤维绿色环保，可降解，可再生。竹浆纤维加工过程如图 2-14 所示。

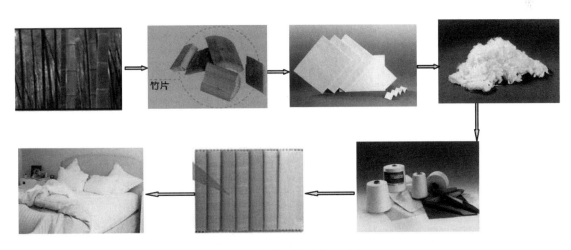

图 2-14 竹浆纤维的加工过程

（2）再生蛋白质纤维（Regenerated Protein Fiber）。再生蛋白质纤维包括大豆纤维（Soybean Fiber）、牛奶丝（Milk Silk）、甲壳素纤维（Chitin Fiber）、聚乳酸纤维（PLA）等。

①大豆蛋白纤维。大豆蛋白纤维是以出油后的大豆废粕为原料制成的，纤维本色为淡黄色，很像柞蚕丝色。大豆蛋白纤维面料手感柔软、滑爽，质地轻薄，具有真丝般的光泽，有真丝与山羊绒混纺的手感，导湿透气性远优于棉，其悬垂性佳，给人以飘逸感，穿着舒适、卫生。大豆纤维及其制品如图 2-15 所示。

图 2-15　大豆纤维及其制品

②牛奶丝。牛奶丝是将液态牛奶去水、脱脂，加上揉合剂制成牛奶浆，再经湿纺新工艺及高科技处理而成。牛奶丝面料柔软滑爽、透气爽身、悬垂飘逸，具有独特的润肌养肤、抗菌功能。牛奶丝比棉、真丝强度高，比羊毛防霉、防蛀性能好，还有天然的抑菌功能。吸水率是棉的两倍，又兼有天然纤维的舒适和合成纤维的牢度。牛奶纤维及其制品如图 2-16 所示。

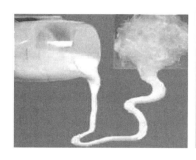

图 2-16　牛奶纤维及其制品

③甲壳素纤维。甲壳素纤维是由甲壳素或甲壳胺溶液纺制而成的纤维。甲壳素纤维具有天然高分子优良的生物活性，无毒，可生物降解，因此在手术缝合线、医用敷料、人工皮肤等医用材料中得到广泛应用。现在也开发出抗菌型新型毛纺织产品，与棉、毛、化纤混纺生产产品。

④聚乳酸纤维。聚乳酸纤维是以玉米制得的乳酸为原料，经过纺丝加工制成的新型高分子纤维。其织物制作的衣服有较好穿着舒适性，形态稳定性和抗皱性均很好。由于其芯吸作用和回潮率比聚酯纤维好，也可生产具有丝感外观的 T 恤衫、夹克衫、长裤及礼服。聚乳酸纤维有良好的生物相容性和生物降解性，是具有合成纤维和自然纤维两者优点的一种新纺织

原料，只是其熔融温度较低，熨烫时要小心。

2. 化学纤维（Synthetic Fiber）

根据其化学成分，化学纤维一般分为七大纶：抗皱免烫的涤纶，有免烫纤维美称；坚牢耐磨的锦纶，是最早的化学纤维；蓬松耐晒的腈纶，也被称为"合成羊毛"；轻盈快干的丙纶，在日本也被称为"梦的纤维"；价廉耐用的维纶，也被称为"合成棉花"；阻燃易生静电的氯纶，有一定的电疗作用；弹性超过橡胶的氨纶。

由于化学纤维都是以存在于自然界的低分子化合物聚合而成，因此具有以下七点共性。

（1）纤维均匀度好，长短粗细一致，截面可变化，会产生不同的光泽、耐用性及保暖性。

（2）强度高，弹性好，结实耐用，服装保形性好，不易起皱。

（3）长丝易勾丝，短纤易起毛起球。

（4）吸湿性差，热湿舒适性不如天然纤维，易产生静电现象，易吸灰，但易洗快干，不缩水，洗可穿性能好。

（5）热定型能力强，可减少合纤热收缩的现象，使尺寸稳定，保型能力提高，同时可形成褶裥等稳定的造型。洗烘熨温度不宜过高，否则会变形或起极光。

（6）亲油性好，易被油污且不易除去，要用干洗剂或热肥皂水洗。

（7）不霉不蛀，保养方便。

3. 新型化学纤维（New Type Chemical Fiber）

新型化学纤维包括差别化纤维（Differential Fiber）、功能性纤维（Functional Fiber）、绿色环保纤维（Environment Containment Fiber）。

差别化纤维主要有异形纤维、复合纤维、超细纤维、高收缩纤维等。它可以克服一般化学纤维的一些缺点，赋予纤维新功能，满足产品风格、功能，并取得仿生效果。功能性面料主要是防霉、防蛀、防臭、抗紫外线、防辐射、阻燃、抗静电、保健等方面，具有很好的实用性。绿色环保纤维是有鉴于生态环境问题，开发的以农产品和生物工程为主要原料的绿色化纤，如莱赛尔纤维、聚乳酸纤维、甲壳质纤维、大豆纤维、牛奶丝、蜘蛛丝等新型纤维。

三、常用纤维性能比较

1. 密度（Specific Weight/Density）

棉 > 粘胶纤维 > 麻 > 铜氨纤维 > 涤纶 > 蚕丝 > 羊毛 > 醋酯纤维 > 维纶 > 腈纶 > 锦纶 > 氨纶 > 丙纶，丙纶最轻，玻璃纤维最重。

2. 强度（Strength）

麻 > 锦纶 > 丙纶 > 涤纶 > 维纶 > 棉 > 蚕丝 > 铜氨纤维 > 粘胶纤维 > 腈纶 > 氯纶 > 醋酯纤维 > 羊毛 > 氨纶。

3. 伸长（Extension/Elongation）

氨纶 > 氯纶 > 锦纶 > 丙纶 > 腈纶 > 涤纶 > 羊毛 > 蚕丝 > 粘胶纤维 > 维纶 > 铜氨纤维 > 棉 > 麻。

4. 弹性模量（Elastic Modulus）

麻＞富强纤维＞蚕丝＞棉＞粘胶纤维＞氯纶＞铜氨纤维＞涤纶＞腈纶＞醋酯纤维＞维纶＞丙纶＞羊毛＞锦纶。

5. 耐磨性（Wear Resistance 或 Wearability）

锦纶＞丙纶＞维纶＞涤纶＞腈纶＞氨纶＞羊毛＞蚕丝＞棉＞麻＞富强纤维＞铜氨纤维＞醋酯纤维。

6. 热性能（Thermal Property）

（1）软化点：涤纶＞锦纶66＞维纶＞腈纶＞醋酯纤维＞锦纶6＞氨纶＞丙纶＞氯纶。

（2）熔融点：腈纶＞醋酯纤维＞涤纶＞锦纶66＞维纶＞锦纶6＞丙纶＞氯纶。

（3）分解温度：粘胶纤维＞铜氨纤维＞棉＞蚕丝＞麻＞羊毛。

（4）耐干热性：涤纶＞腈纶＞维纶＞锦纶＞棉＞丙纶＞羊毛＞氯纶。

（5）耐湿热性：腈纶＞丙纶＞棉＞涤纶、维纶＞羊毛＞氯纶。

7. 耐日光性（Sunlight Resistance）

腈纶＞麻＞棉＞羊毛＞醋酯纤维＞涤纶＞富强纤维＞有光粘胶纤维＞维纶＞无光粘胶纤维＞铜氨纤维＞氨纶＞锦纶＞蚕丝＞丙纶。

8. 电学性能（Electrical Property）

氯纶＞丙纶＞涤纶＞锦纶＞氨纶＞羊毛＞腈纶＞维纶＞蚕丝＞棉、麻、粘胶纤维。

9. 吸湿性（Hygroscopicity or Absorbent Quality）

羊毛＞黄麻＞粘胶纤维＞富强纤维＞苎麻＞蚕丝＞棉＞维纶＞锦纶66＞锦纶6＞腈纶＞涤纶＞丙纶。

10. 耐酸性（Acid Resistance）

丙纶＞腈纶＞涤纶＞羊毛＞锦纶＞蚕丝＞棉＞醋酯纤维＞粘胶纤维。

11. 耐碱性（Alkali Resistance）

锦纶＞丙纶＞棉＞粘胶纤维＞涤纶＞腈纶＞醋酯纤维＞羊毛＞蚕丝。

12. 染色性能（Dyeability）

棉、粘胶纤维、羊毛、蚕丝、锦纶属于易染纤维，丙纶、氯纶、涤纶属于难染纤维。

【岗位对接】纤维的商品名、代号（表2-8）

表2-8　常见纤维的商品名、代号

学名	俗称（商品名）	代号、缩写	英文名
棉纤维	棉	C	Cotton
苎麻	苎麻	R_{1u}	Ramie
亚麻	亚麻	L	Linen
毛	羊毛	W	Wool

学名	俗称（商品名）	代号、缩写	英文名
丝	真丝	S	Silk
粘胶纤维	人造棉	R	Rayon
高湿模量粘胶纤维	莫代尔	CMD、HWM	Modal
莱赛尔	天丝	CLY	Tencel，Lyocell
聚对苯二甲酸乙二酯（聚酯纤维）	涤纶	PET、PES（T）	Polyester
聚酰胺	锦纶	PA	Polyamide，Nylon
聚丙烯腈	腈纶	PAN	Acrylic，Orlon
聚乙烯醇缩甲醛	维纶	PVAL	Vinylon，Vinal
聚丙烯	丙纶	PP	Polypropylene
聚氨酯弹性纤维	氨纶、莱卡	EL	Lycra，Spandex
碳纤维	石墨纤维	CF	Carbon
聚氯乙烯	氯纶	CLF	Polyvinyl-chloride
聚乙烯	乙纶	PE	Polyethylene

任务 2-3　面料的鉴别

✿ 关键词

手感目测法、燃烧法、简单系统鉴别法、面料品质的认证标志、面料成分、标识。

✿ 任务描述

1. 目的：利用手感目测、燃烧等简单方法综合鉴别面料的原料。

2. 要求：学生 2 人一组，设计简便方法的系统鉴别方案；学生 2 人一组，综合运用各种常用的简单方法鉴别 6~8 种面料；将面料试样粘入表 2-9，并将鉴别过程及结果填入表中。

3. 地点：一体化教室。

4. 备用材料：上课前需准备棉、麻、丝、毛、粘胶纤维、涤纶、锦纶、腈纶等纯纺织物，及两种原料的混纺织物各若干。

5. 教学建议：老师以"教、学、做"一体化的方式来教学。按分组讨论→设计方案→分组实践→各组结果比较总结→再次验证的步骤进行教学。

表 2-9　面料的鉴别

试样序号	粘贴试样	方法1：初步判断		方法2：进一步确定		其他说明	结论
		方法/现象依据	初判1	方法/现象依据	初判2		
1							
2							
3							
4							
5							
6							

　　面料的鉴别与纤维的识别是有所区别的，面料中纤维的存在方式更加复杂。尤其是多原料混纺织物，使用单一鉴别方法很难准确鉴别，需要通过实验室的有关仪器和化学方法，鉴定服装材料确切的原料成分及各种性质。通常，如果已经决定批量进货的材料或服装产品需要达到某些物理、化学以及生态指标时，服装企业才会将样品送到专业实验室或专门的检测机构进行有关测试，并且对检验结果出具报告，证明有关检测真实、有效。

　　但在一般情况下，选定材料时主要是利用直观而便捷的方法，一是它有相当的准确性，二是选材时，不可能一一送检，况且，也不能完全依靠实验室的数据。因此，设计师、采购人员往往凭自己的经验和直接感受挑选面料，决定购买后，才有可能送检。

　　这里介绍一些设计师、采购人员可用的简单可行的方法，判断过程与纤维鉴别方法有所区别。

一、手感目测鉴别法

　　鉴别服装面料时，可以从面料边缘拆下纱线，解捻出纤维，根据纤维形态进行鉴别，但主要还是对面料进行触摸和观察。

　　手感是一种感觉最直接、最全面并且涉及内在性能最多的一种方法。对于手感鉴别，人们在实践中总结出许多经验和手法，主要包括"摸、捏、抓、抖、拉"五个最基本和便捷的动作，在项目一的任务1-2中有介绍。

1. 手感及强度

　　用手对试样进行触摸、抓捏、撕扯的动作过程中，体会试样的软硬或冷暖的触感，观察面料的折皱情况，试验试样抗拉或抗撕扯强度。一般来说，用手触摸或抓捏的时候，麻织物手感较硬，棉、羊毛织物很柔软，蚕丝、粘胶纤维、锦纶织物则手感适中。这种软硬感之间有很大区别。例如，棉和羊毛手感都很柔软，但在抓的时候，因为羊毛弹性较好，所以感觉比较柔糯、有身骨，松开手后，抖开试样后，棉织物上会有许多折痕，而毛织物则基本没有。用手撕裂面料或拉断纱线时，感到蚕丝、麻、棉、化学纤维强度很高。尤其化学纤维织物很难撕裂，麻织物很结实，而丝绸、棉布则相对容易撕裂；毛、粘胶纤维、醋酯纤维织物的强度则较弱，尤其是粘胶纤维的湿强只有干强的40%~50%，而棉纤维、麻纤维湿强却远远大于干强。因此，在鉴别非常容易混淆的棉织物与粘胶织物时，可以利用这一性能，抽取试样中大约10cm以上长度的一根纱线，将其中部蘸湿，然后用手拉，若在蘸湿处断裂，则该试样为粘胶织物，否则为棉织物。

2. 重量

棉、麻、粘胶纤维比蚕丝密度大；锦纶、腈纶、丙纶比蚕丝密度小；羊毛、涤纶、维纶、醋酯纤维与蚕丝密度相近。尤其是丙纶纤维，其密度只有$0.91g/m^3$，比水还轻。若其织物置于水中充分浸湿后，仍浮于水面，则可认定为丙纶织物。所以在买羊毛面料或衣服时，用手掂量，重的是羊毛，轻得多的是腈纶仿毛织物；在买蚕丝面料或衣服时，用手掂量，轻而飘逸的是蚕丝，重而无身骨感的是粘胶纤维产品，重而有垂坠感的多是涤纶仿真丝产品。常见纺织纤维及其织物的感官特征见表2-10。

表2-10 常见纺织纤维及其织物的感官特征

面料种类		手感特征
天然材质	棉	织物具有天然光泽，柔软但不光滑，坯布布面有棉结杂质，略显粗糙
	麻	织物硬挺而凉爽，不贴身，但有时有刺痒感。用力抓，可产生折皱，且折皱难以消失
	丝	绸面明亮柔和，手感柔软顺滑，光泽优雅，色泽鲜艳华丽，绸身细薄飘逸，有丝鸣感
	毛	精纺呢绒呢面光洁平整，织纹清晰，光泽柔和，手感柔糯，弹性好，有身骨；粗纺呢绒呢面厚实，手感丰满，紧密柔软，有弹性，有膘光
化学纤维面料	粘胶纤维	手感柔软，但缺乏身骨，比棉织物更易折皱，不及蚕丝清爽，湿强大大低于干强，有光粘胶纤维有刺眼的白色光泽
	涤纶	手感较硬，挺爽而结实，弹性好，不易折皱、变形，在阳光下有闪光
	锦纶	有蜡光，结实耐磨，手感比涤纶糯滑，但比涤纶易起皱变形
	腈纶	手感蓬松，伸缩性好，类似毛织物，比毛更轻盈温暖，但没有毛织物活络，易起毛起球
	维纶	类似棉织物，但不及棉织物细柔，色泽不鲜艳
	氨纶	具有非常大的弹力，在室温下拉伸至5倍以上，回弹率仍在95%以上

3. 观察面料外观的其他情况

通过手感目测，不仅可以基本确定布料的原料种类，对其他情况也可以有所了解。

首先观察面料是经纬纱交织、线圈结构或是纤维集合而成，可以轻易地判明产品的织造类型。然后根据不同织物组织的特点,了解产品所采用的是什么组织,结构上有什么特别之处。至于纱线的情况,可以将其从织物上分离并观察,看它的捻度、粗细等特征。

最后,可以分别从面料的正面、侧面观察布面光泽和纹样清晰度。将布面举起与视线相平,对光观察,织物布面的毛羽会清晰可辨,这样就能辨别纱线的类型及布面情况;将手放在面料的后边,逆光观察,可以看清面料的透明度,分析是否需要加衬布,还可以使面料重叠或在面料后边加不同颜色、材质的衬布,观察层叠的掩映效果和衬料叠加后的色彩效果。通过简单地手摸和目测,可以了解产品的厚度、蓬松度、密度(紧度)和幅宽等特点。

印染、后整理的情况在外观上也会充分表现出来。染色、印花或本色、漂白,可以一目了然,机械整理中的磨砂、洗水、轧光、轧纹、起绒、缩绒、起毛、剪毛等,以及化学整理中的柔软、硬挺、丝光等,都有直观可辨的特征。至于免烫、拒水、防污、阻燃、防静电等整理,经过简单的辅助手段,也都可以大致了解。

由于印染、后整理工艺有很多类别并且发展很快,而且也是决定面料外观和内在性质的关键手段,所以要认真区分、识别。例如,印花按照所使用的染化料一般分为普通印花、发泡印花、植绒印花、烂花印花、荧光印花等多种。后整理工艺会分为“全工艺”和“半工艺”。所谓“全工艺”是指面料已经完成了各种后处理加工工艺,如缩水、上浆、轧光、定形等,“半工艺”是指面料买来后还需经过后处理加工才能使用。需要磨砂、洗水等后处理工艺的服装,如牛仔服,缝制好的服装要经过石磨、水洗等一系列后整理才算成品。此类面料一般染色较深,而且每种面料的缩水率不一样,还需要根据产品设计要求加工成不同的效果。因此,设计师要了解面料缩水率和水洗前的效果及退浆、水洗后的效果,预估面料制成成衣后的手感、肌理和色彩。

二、燃烧鉴别法

燃烧法适用于单一成分的纤维、纱线和织物,不适用于混纺的纤维、纱线和织物。此外,纤维或织物经过阻燃、抗菌或其他功能性整理后,其燃烧特征也将发生变化,须予以注意。

燃烧法在简单混纺的面料中可以作为初步判断结果。如涤棉混纺织物在燃烧时,火焰明显比纯棉织物旺盛,有黑烟,在烧纸味中夹有甜腻的芳香味,有余辉,用手捻可发现灰烬头端为灰色松软灰烬,而里边有捻不碎的黑色硬块。因此,燃烧时织物除了有明显棉纤维特征,灰烬能发现有硬块,可确定混有合成纤维。同样毛涤、毛腈织物往往能够续燃,不会自熄,有烧毛发味道,灰烬可捻开但不够碎,夹有大颗粒捻不碎硬块;而毛粘织物燃烧时,在火焰头端可见松软灰色灰烬,熄灭时或有余辉。

三、综合鉴别法

在面料采购中,我们经常使用一些简单快速的方法,但仅用一种方法很难准确鉴别出面料的原料,须综合几种方法才能得出可靠结论。图2-17所示为使用简便方法的系统鉴别方式。

首先,对面料试样进行手感目测,得出初步判断,确定可能有几种不同原料纱线,将这

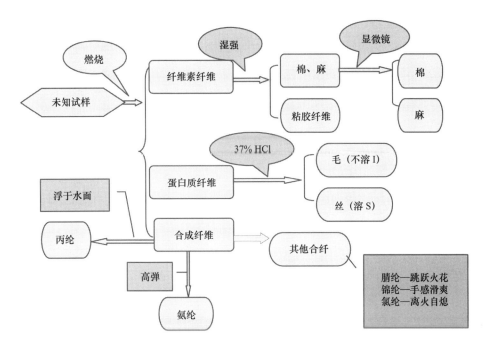

图 2-17 使用简便方法的系统鉴别方式

几种纱线分别从织物上拆出。然后可利用燃烧法先确定纤维品种大类，分成纤维素纤维、蛋白质纤维或合成纤维。最后再根据大类中可能的纤维种类，采用合适的鉴别方法进行鉴别，如纤维素纤维或蛋白质纤维可利用手感目测法或显微镜观察法。而合成纤维的鉴别需用溶解法（表 2-6 常见纺织纤维的化学溶解性能）才可得出准确结果，若用燃烧结合手感，除粘胶纤维、氨纶、丙纶外，只能判断出合成纤维的大致类别，不够准确。当然，若需定性定量的分析混纺织物的成分时，就必须采用化学溶解法。

【延伸阅读】各类面料的品质认证标志

1. 棉织物认证标志

近年来，棉织物越来越受到人们的重视，在穿着上一般作贴身服装（内衣等）、T恤衫、棉衣、夹克衫等较多。美国国际棉花协会与美国棉花公司纯棉标志如图 2-18 所示。

图 2-18 美国国际棉花协会与美国棉花公司纯棉标志

2. 麻织物认证标志

麻型织物是指以亚麻或苎麻为材料，或与适当比例的棉、化纤等混纺，交织而成的织物。天然麻纤维纺织品服装具有纯朴自然、吸湿透气、凉爽不贴身的特点，还具有抑菌防霉等保健功能，符合健康绿色潮流，是夏日里的最佳选择。而用它所做的便服和西装挺括、粗犷，往往受男士喜爱。

在国内，北京中纺联麻纺标志产品认证有限公司推行麻纺标志。麻纺认证标志共有两个，一个是单色的纯麻标志，另一个是双色混麻标志（图2-19）。麻纺标志即针对麻类纺织品、服装是否符合国家标准，麻纺织品、服装的麻纤维成分及含量是否达到要求，麻纺织品、服装生产企业是否建立了合格的质量保证体系进行检测和审核，并根据要求颁发可以附着在麻纺织品、服装上的认证标志。麻纺标志产品认证符合国内外市场对麻纺织品、服装质量和安全标准的要求，对规范麻纺织服装企业的产品质量，提高我国麻纺织品的国际竞争力，同时对规范我国麻纺织品、服装市场，保护和引导消费有积极的作用。

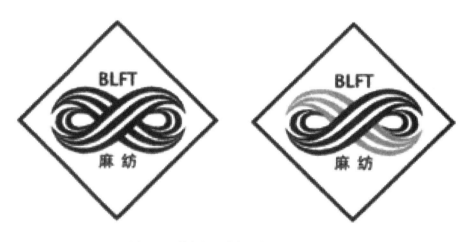

图2-19 单色的纯麻标志与双色混麻标志

3. 毛织物认证标志

高档毛织物一般具有纯羊毛标志。纯羊毛标记的拥有者——国际羊毛局成立于1937年，目前已发展成为一个国际性组织。国际羊毛局目前拥有的羊毛产品标记有"纯羊毛标记""高比例混纺标记""羊毛混纺标记"三种。上述三种标志的产品除了羊毛含量，其产品的标准是一样的，只有质量完全达到国际羊毛局品质要求的产品才能使用国际羊毛局羊毛产品标记。各种羊毛标记的毛纤维含量是：使用纯羊毛标记要求纯新羊毛不少于93%；使用高比例混纺标记，羊毛含量不得少于50%；使用羊毛混纺标记要求羊毛含量介于30%~50%。

纯羊毛标志是优质和纤维含量的承诺。"纯"，象征着其原料采用100%的羊毛；"新"指羊毛制品中不使用再生毛。纯新羊毛标志图案为一组类似羊毛团按顺时针方向旋转；而羊毛混纺标志图案为两细一粗条形为一组，形似羊毛团按顺时针旋转（图2-20）。

图 2-20　纯新羊毛标志与羊毛混纺标志

4. 丝织物认证标志

高档丝绸标志被广泛使用在高档真丝围巾、领带、丝绸服装这类丝绸制品上。推广使用丝绸标志对我国乃至世界丝绸发展都具有重要意义，也是我国由"丝绸大国"向"丝绸强国"转变的重要举措。高档丝绸标志由绿、黄两色组成，分别代表纯真丝、真丝混纺或交织面料（图2-21）。

图 2-21　高档丝绸标志

【岗位对接】面料成分标志

采购或选用一种面料时，要注意看产品的标识，这是面料生产企业根据有关标准和规定，对产品所作的说明性或特殊性标志，如图2-22 所示。

服装材料的性能、品质和功能主要由组成纺织品的纤维种类及其含量和不同纤维混纺的比例来决定。正规的服装材料产品，无论是展销样品还是成批供货的产品，都会在产品标签上按照统一的标注方式显

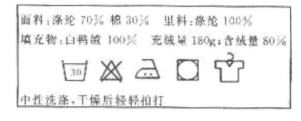

图 2-22　服装中面料的成分标志（永久性标签）

示其原料构成、纱线的线密度、合股数、混纺比等产品信息。产品的这些指标与其性能和价格都密切相关，其中一些内容还需要在服装产品上予以标明。通过这些标志，很容易区分产品的类别、品种、质量等级和特殊功能等。

因此，正确、规范、统一标注服装材料中纤维名称及其含量，在面料生产、贸易和服装的选材、加工、销售中具有重要意义。在我国，纺织品标准 FZ/T 01053—1998 中规定了标注纺织纤维含量的要求、原则及含量允差，适用于在国内市场上销售的各种纺织品和纺织服装产品。

1. 标注要求

国内市场上销售的各种纺织品和纺织服装产品都应标明纤维的名称及其含量，服装产品若有里料、填充物时，应分别标出面料、里料、填充物及其填充物外套的纤维名称及其含量；使用两种及两种以上不同织物的产品，应分别标明每种织物的纤维名称及其含量；在产品中仅起装饰作用的附加部分可以不进行标注。

2. 标注原则

纤维含量要以成品中某种纤维含量占纤维总量的百分比表示。对于纯纺产品，在纤维名称前加"纯"字，或标明"100%"某种纤维。例如，纯棉产品可写成"纯棉"或"100%棉"。若是两种或两种以上纤维组成的混纺产品且含量不同时，可按纤维含量递减的顺序列出纤维名称及其含量，如65%涤、35%棉的混纺产品，可依次标为65%涤纶、35%棉，习惯标为"65/35涤棉"。不同天然纤维混纺且含量相等时，按绒（山羊绒、牦牛绒、骆驼绒、羊驼绒等）、毛（羊毛、马海毛、兔毛）、丝（桑蚕丝、柞蚕丝等）、麻（亚麻、苎麻、黄麻、大麻等）、棉的顺序标注。例如，棉毛混纺且各占50%时，应标为"50%羊毛、50%棉"，或称为"毛棉"。当天然纤维与化学纤维混纺且含量相等时，标注时天然纤维在前，化学纤维在后，如毛涤混纺且各占50%时，应标为"50%羊毛、50%涤纶"，即"毛涤"；当不同的化学纤维混纺时，一般按涤纶、锦纶、腈纶、粘胶、氨纶、丙纶、铜氨、醋酯等顺序排列，如涤粘混纺且各占50%时，应标为"50%涤纶、50%粘胶"。

3. 含量允差

为了使纺织品的成本及性能达到最佳状态，或者是纺织企业根据客户的要求而制造出的纯纺或混纺产品，对于纯度的要求以及混纺比在多大的允差范围内才算达到标准，国家标准都做了详细规定。如纯羊绒产品，只要羊绒纤维含量达95%及以上的产品，都属于纯羊绒产品，可标为100%羊绒；对于纯羊毛产品，精梳产品羊毛含量为95%及以上，或者含有起装饰作用的纤维产品，其羊毛含量为93%及以上，都属于纯羊毛产品，可标为100%羊毛；粗梳产品羊毛含量为93%及以上时，可标为100%羊毛。

二组分以上纤维混纺时，一般对性能较好的纤维规定含量的偏差范围，如羊绒和其他纤维混纺时，要规定羊绒纤维含量的偏差范围；若羊绒含量为15%以上时，羊绒纤维含量百分比允许偏差为–3%，其中粗梳产品为–4%；若羊绒含量为15%及以下的产品，羊绒纤维含量百分比允许偏差为–2%，但羊绒最低含量不得低于5%。如某精梳产品，标明羊绒含量为25%时，实际羊绒含量最低不能低于22%。毛混纺时，毛纤维含量百分比允许偏差为–3%，其中精梳为–4%。麻混纺时，麻纤维含量百分比允许偏差为–4%。棉与化纤混纺时，棉纤维含量百分比允许偏差为+1.5%或-1.5%。针织混纺产品,棉纤维含量百分比允许偏差为-3%。棉与化纤交织产品,棉纤维含量百分比允许偏差为-5%。丝与其他纤维混纺时,丝纤维含量百分比允许偏差为-5%。化纤与化纤混纺时,其中性能较好的纤维含量百分比允许差为-5%。

任务 2-4　织物规格的测试

❋ 关键词
长度、幅宽、厚度、密度、线密度、克重。

❋ 任务描述
1. 目的：认识面料、辅料,了解面辅料种类,会识别基本类别的面料。

2. 要求：学生2人一组,采购面料并调查采购单的内容、写法;根据采购单设计规格测试实验方案;测试所采购面料的规格,填入自行设计表中,要求规格内容完整。

3. 地点：一体化教室。

4. 备用材料:上课前需准备密度镜、测厚仪（图2-23）、电子分析天平、裁样器（图2-24）、钢卷尺、小刚尺、剪刀、挑针、自行采购的面料等。

图2-23　YG141N数字式织物测厚仪

图2-24　裁样器

5. 测试前试样调湿：测试前,需将试样放置在标准大气中,使织物处于松弛状态至少24h。

6. 教学建议：老师以"教、学、做"一体化的方式来教学。可按分组调研→讨论→设计方案→实验→结果比较→纠错的步骤进行教学。

基于对面料裁剪方法与服装产品款式、号型的考虑,有必要了解面料的规格特点。面料规格一般指幅宽、匹长、厚度三个方面。此外,任何一种织物都有特定的密度、紧度、经纬纱变化特点，以及布料正反面的光泽、组织、花纹、布面状况的区别，这些问题都可以归纳为面料的规格。由于面料规格会影响服装生产的工艺安排，如幅宽和匹长会影响用料方法和排料的具体方式，所以要充分了解并且进行全面考虑。

一、织物长度、幅宽与厚度测试

1. 任务内容

利用测长工具与测厚仪测试机织物长度、幅宽与厚度。重点掌握根据标准要求测试织物，按规定把握测量条件、次数，记录原始数据，完成项目报告。

2. 操作要点

（1）织物长度测试。织物的长度一般用匹长来度量，即指一匹织物长度方向两端最外边完整的纬纱之间的距离。织物的匹长通常用米（m）为单位，国际上也有用码（yd）来度量，1yd = 0.9144m，其匹长主要依据织物的种类和用途而定。此外，还考虑织物织造设备、织物单位长度的重量和厚度、卷装容量、包装运输、印染后整理及制衣排料、铺布、裁剪等。布匹有卷装及折叠包装。卷装布可以用验布机测量匹长，如图 2-25 所示。折叠包装的可用钢尺测试折幅长度，如图 2-26 所示。

图 2-25　在验布机上计数测长　　　　　　　图 2-26　用钢尺测试折幅长度

测定的位置线：对全幅织物，顺着离织物边 1/4 幅宽处的两条线进行测量，并作标记；对中间对折的织物，分别在织物的两半幅各顺着织物边与折叠线间约 1/2 部位的线上进行测量，并作标记。要求每次测量精确到毫米（mm）。

用钢尺测试折幅长度，对公称匹长不超过 120m 的，应均匀地测量 10 次。公称匹长超过 120m 的，应均匀地测量 15 次。测试精确至毫米。先求出折幅长度的平均数，然后计数整段织物的折数，并测量其剩余不足 1m 的实际长度。要求每次测量精确到毫米（mm）。

按下式计算匹长：

$$匹长（m）= 折幅长度 × 折数 + 不足 1m 的实际长度$$

（2）织物幅宽测试。织物的宽度用织物幅宽来度量，即织物横向两边最外缘之间的距离。织物的幅宽通常用厘米（cm）表示，国际上也有用英寸来度量，1英寸=2.54cm。幅宽主要依据织物的种类和用途生产设备条件、产量和原料等因素而定。此外，还考虑不同国家和地区人们的生活习惯、体型、服装款式、裁剪方法等。新型织机的发展使幅宽也随之改变，宽幅织物越来越多。

一般织物的匹长与幅宽见表2-11。

表2-11　一般织物的匹长和幅宽

织物类别	匹长（m）	幅宽（cm）
棉织物	30~60	80~120、127~168
精纺毛织物	50~70	144、149
粗纺毛织物	30~40	143、145、150
长毛绒、驼绒	25~35	124、137
丝织物	20~50	70~140
麻类夏布	16~35	40~75

若织物长度＞5m，则测量次数≥5，每次测量点间接近相等间距（＜1m），离织物头尾≥1m；若织物长度0.5~5m，则测量4次，4次测量点间相等间距，离织物头尾≥1/5m。

若整段织物不能放在试验用标准大气中调湿时，使织物处于松弛状态，然后测量，取小样进行调湿，测量调湿前后幅宽，对整段织物进行修正。

（3）织物厚度测试。织物在一定压力下正反两面间的垂直距离，以"毫米"为计量单位。织物按厚度的不同可分为薄型、中厚型和厚型三类，各类棉、毛织物的厚度见表2-12。

表2-12　各类棉、毛织物的厚度　　　　　　　　　　　　单位：mm

织物类别	棉织物	毛织物		丝织物
		精梳毛织物	粗梳毛织物	
薄型	0.25以下	0.40以下	1.10以下	0.8以下
中厚型	0.25~0.40	0.40~0.60	1.10~1.60	0.8~0.28
厚型	0.40以上	0.60以上	1.60以上	0.28以上

影响织物厚度的主要因素为经纬纱线的线密度、织物组织和纱线在织物中的弯曲程度等。假定纱线为圆柱体且无变形，当经纬纱直径相等时，在简单组织的织物中，织物的厚度可在2~3倍纱线直径范围内变化。纱线在织物中的弯曲程度越大，织物就越厚。此外，试验时所用的压力和时间也会影响试验结果。织物厚度对织物服用性能的影响很大，如织物的坚牢度、

保暖性、透气性、防风性、刚柔性、悬垂性、压缩等性能，在很大程度上都与织物厚度有关。

3. 相关标准

（1）GB/T 4666—1995《机织物长度的测试》。

（2）GB/T 4667—1995《机织物幅宽的测试》。

（3）GB/T 3820—1997《纺织品和纺织制品厚度的测试》。

（4）GB/T 13761—1992《土工布厚度测定方法》。

（5）FZ/60004—1991《非织造布厚度的测定》。

二、织物密度与紧度测试

织物密度是指织物中经向或纬向单位长度内的纱线根数，单位为根/10cm。丝织物因密度较大，常用根/cm为单位。织物密度有经密和纬密之分，分别记为 P_T 和 P_W。经密又称经纱密度，是织物中沿纬向单位长度内的经纱根数。纬密又称纬纱密度，是织物中沿经向单位长度内的纬纱根数。大多数织物中，经纬密采用经密大于或等于纬密的配置。不同织物的经纬密，变化范围很大，棉、毛织物的经纬密一般在100~600根/10cm。

经纬密只能用来比较相同直径纱线织物的紧密程度，当直径不同时，没有可比性。而织物紧度同时考虑了纱线直径与织物密度，可用于比较不同直径织成的织物的紧密程度。

织物紧度又称覆盖系数。指织物中纱线所覆盖的面积占织物面积的百分率。经（纬）纱所覆盖的面积占织物面积的百分率称为经（纬）纱紧度 E_T（E_W），经纬纱所覆盖面积占织物面积的百分率称为总紧度 E。E_T 或 $E_W < 100\%$，表示织物中纱线之间存在空隙；E_T 或 $E_W=100\%$，表示织物中纱线之间不存在空隙，织物平面正好被纱线完全覆盖；E_T 或 $E_W > 100\%$，表示织物中纱线之间已存在挤压、重叠等现象，仍只能表示相当于 $E=100\%$。

1. 任务内容

利用织物密度测试仪或拆纱法检测机织物密度，并了解织物经向、纬向紧度及总紧度概念。重点掌握密度镜法织物密度的测试，对缎纹等高密度织物，利用组织循环测试织物密度。按规定要求测试织物，记录原始数据，完成项目报告。

2. 操作仪器和工具

照布镜（图2-27）、织物密度镜（图2-28）、织物密度尺（图2-29）。

图2-27　照布镜　　　　　　　　　　　图2-28　织物密度镜

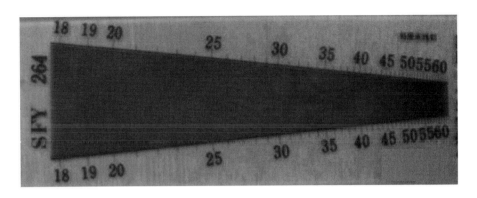

图 2-29 织物密度尺

3. 操作要点

织物密度的测试方法有密度镜法、分析镜法、拆纱法等。根据织物的特征选择测试方法。

（1）织物密度镜法。该法也称直接测数法，是使用移动式织物密度镜测定织物经向或纬向一定长度内的纱线根数，折算至 10cm 长度内的纱线根数。该法适用于所有机织物。

检验密度时，把织物密度镜放在布匹的中间部位（距布的头尾不少于 5m）进行。纬密必须在每匹经向 5 个不同位置检验，经密必须在每匹的全幅上同一纬向 5 个不同的位置检验，每一处的最小测定距离按表 2-13 中的规定进行。

表 2-13 密度测试时的最小测定距离

密度（根 /cm）	10 根以下	10~25	25~40	40 以上
最小测定距离（cm）	10	5	3	2

试验时将织物密度镜平放在织物上，刻度线沿经纱或纬纱方向。然后转动螺杆、将刻度线与刻度尺上的零点对准，用手缓缓转动螺杆，记下刻度线所通过的纱线根数，直至刻度线与刻度尺的 50mm 处相对齐，即可得出织物在 50mm 中的纱线根数。织物密度镜的使用方法如图 2 -30 所示。

 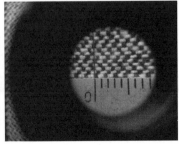 

图 2-30 织物密度镜使用方法

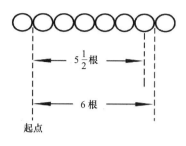

图 2-31　密度点数方法

点数经纱或纬纱根数精确至 0.5 根。点数的起点均以在 2 根纱线间空隙的中间为标准。如起点到纱线中部为止，则最后一根纱线作 0.5 根，凡不足 0.25 根的不计，0.25~0.75 根作 0.5 根计，超过 0.75 根作 1 根计，如图 2-31 所示。

（2）分析镜法。分析镜法测定在织物分析镜窗口内所看到的纱线根数，折算至 10cm 长度内所含纱线根数。该法适用于每厘米纱线根数大于 50 根的织物。

（3）拆纱法。拆纱法也称织物分解点数法，凡不能用密度计算出纱线的根数时，可分解规定尺寸的织物试样，折算至 10cm 长度的纱线根数。该法适用于所有机织物，特别是复杂组织织物。

在织物的相应部位剪取长、宽各符合最小测定距离要求的试样，在试样的边部拆去部分纱线，再用小钢尺测量试样长、宽各达规定的最小测定距离，允差 0.5 根。然后对准备好的试样逐根拆点根数，将测得的一定长度内的纱线根数折算成 10cm 长度内所含纱线的根数。

4. 指标及计算

将所测数据折算至 10cm 长度内所含纱线的根数。并求出平均值。经纬密计算至 0.01 根，修约至 0.1 根。

5. 相关标准

GB/T 4668—1995《机织物密度的测定》。

三、织物中纱线线密度

大多数织物经纱、纬纱为同样原料与粗细的纱线。当经纬纱粗细不同时，一般经纱线密度小于纬纱线密度，这样可以提高生产效率。

织物中纱线线密度的测试方法常采用测长称重法。测长称重法有徒手测试法和张力测试法两种。试样大小为 16cm×16cm，若来样较小，则根据来样取尽可能大的面积。由于纱线长度取样的局限及纱线伸直尺度把握上不确定，测试的结果有一定误差，可根据纱线线密度的标准系列对结果进行校正。

为便于测试纱线细度与重量，纱缨长度应在 1cm 以上。在 10cm×10cm 处做好标记，在 10cm×10cm 样品外侧的上、下、左、右各留若干根（大于 10 根）纱线，以测试纱线细度。在样品上下各轻轻拨出 10 根纬纱，逐一测出 10cm 织物对应的纱线长度（拉直而不伸长）。将测试后的经纱和纬纱从标记处剪断（即得 10cm 织物之纱线长度），将经、纬纱各 10 根分别称重，用以计算线密度。纱线线密度测试过程如图 2-32 所示。

将经纱、纬纱线密度特数自左向右联写成 $Tt_T \times Tt_W$，如 13×13 表示经、纬都是 13tex 的单纱；10×2×10×2 表示经纱、纬纱均为二根 10tex 单纱并捻成的双股线。

线密度的合股数的表示方法与纱线采用的细度指标有关。一般采用法定单位——特数时，表示方法为 30tex×2（指两根 30tex 的单纱合股）或（18＋20）tex（指 1 根 18tex 和 1 根 20tex 的单纱合股）。采用公制支数时，股线表示方法为 52/2 公支（指两根 52 公支的单纱合股）或 $\left(\dfrac{1}{64}+\dfrac{1}{60}\right)$ 公支（指 1 根 64 公支和 1 根 60 公支的单纱合股）。英支的表示方法与公支相同。

图2 32 纱线线密度测试过程

四、织物重量

织物的重量通常以每平方米织物所具有的克数来表示，称为平方米克重。它与纱线的线密度和织物密度等因素有关。是织物的一项重要规格指标，也是织物计算成本的重要依据。

使用裁样器将样品裁为$100cm^2$，或用尺子、剪刀将样品裁剪成$10cm \times 10cm$（图2-33），用于称重，以求得织物平方米重量（g/m^2）。

棉织物的平方米重量常以每平方米的退浆干重来表示，其重量范围一般在$70 \sim 250g/m^2$。

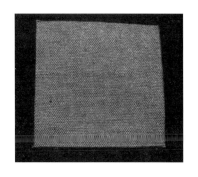

图2-33 平方米克重的试样

毛织物的单位面积的重量则采用每平方米的公定重量来表示。精梳毛织物的平方米公定重量范围一般为$130 \sim 350g/m^2$，轻薄面料的开发和流行使精梳毛织物的平方米重大多在$100g/m^2$左右，粗梳毛织物的平方米公定重量范围一般为$300 \sim 600g/m^2$。

根据织物的平方米重量不同，可分为轻薄型织物、中厚型织物及厚重型织物三类。

五、织物规格

把织物的幅宽、织物密度及织物中经、纬纱线密度等重要结构参数以连乘的形式表示，称为织物规格，方便商贸时了解产品结构特征。织物规格表示形式为$B \times Tt_T \times Tt_W \times P_T \times P_W$。例如，$144 \times 28 \times 28 \times 360 \times 248$表示织物幅宽为$144cm$，经纱特数为$28tex$，纬纱特数为$28tex$，经密$360$根$/10cm$，纬密$248$根$/10cm$；进出口贸易产品，织物规格常用英制表示，如$69'' \times 45S \times 45S \times 116 \times 97$，表示织物幅宽为$69$英寸，经纱支数为$45$英支，纬纱支数为$45$英支，经密$116$根$/$英寸，纬密$97$根$/$英寸。

【延伸阅读】织物重量单位——姆米、oz/yd^2

1. 姆米（m/m）

姆米用于绸缎贸易中，指织物宽1英寸，长25码，重$2/3$日钱为$1m/m$。平方米克重的折算：

$$1英寸 = 0.0254m，1码 = 0.9144m，1日钱 = 3.75g$$

$$1姆米（m/m）= 2.5/0.58064 = 4.3056g/m^2$$

姆米的最小值取到$0.5m/m$，计算时保留一位小数（第二位小数四舍五入）。

2. oz/yd²

国际上，多用于表示牛仔布的重量，单位 oz/yd 或 oz/yd²。平方米克重的折算：

$$1oz=28.35g$$

$$1oz/yd^2=33.9g/m^2$$

【岗位对接】面料采购中门幅与长度的检验

1. 门幅不合要求

（1）疵病形态：布面门幅宽窄不一。

（2）产生原因：定形机指针门幅与实际门幅不符（调幅螺杆损坏，使指针门幅和实际门幅不符；前、中、后位调幅装置的离合器没有啮紧，造成门幅自动移位，影响落布门幅；定形前织物的门幅显著低于或超过要求门幅）。

（3）防止办法：门幅以量幅为标准。及时测量落布门幅，发现机械故障立即停车修理。离合器啮紧后才能开车。检测到门幅不一就要到拉幅机上修门幅，因为纬向门幅变化后会导致缩水率的变化，有时还要重新缩水处理。

2. 织物长度的检验

印染布长度一匹一般都在 30m 以上，加工合同上都会注明匹长 30m 以上不可拼匹的要求。长度小于 17.5m 的布称为零布。长度在 1~4.9m 的为小零布，不能拼入成品布中。检验和打卷过程中开剪时必须要加以注意，以免造成不必要的浪费和损失。一匹布验完之后还要注意看码表上显示的数字是否和码单一致，以免出现短码现象。如果码数对不上，那一整单货可能就要进行全部查验，将会浪费很大的时间和人力。

任务 2-5 面料采购单的制订

✿ 关键词

采购单、成本、面料外观品质常见问题、面料内在质量常见问题、针织面料的常见问题。

✿ 任务描述

1. 目的：掌握面料采购的内容及注意事项，能够制订面料采购单。

2. 要求：学生 4 人一组，调查面料采购的内容，讨论它的注意事项；根据上一任务所买面料，制订一份面料采购单，样稿见表 2-14；要求按规定将采购单填写完整，并以正确的方式附上样品。

3. 地点：一体化教室。

4. 备用材料：所买面料样品。

5. 教学建议：老师以"教、学、做"一体化的方式来教学。可按分组调研→讨论→设计方案→对比评论→纠错的步骤进行教学。

一、采购单样本

某公司的面料采购合同样本如表 2-14 所示。

表 2-14　×××公司面料采购单

一、采购内容

面料	产品名称	品号	查号	成分	规格	有效门幅（mm）
纱线要求						
数量（米）						
单价（元/米）						
单金额（元）						
交货期						
其他要求						

二、质量要求、技术标准：按国家一等品生产，颜色、手感、品质按我司确认的为标准。

三、交（提）货地点、方式：供货方仓库。

四、合理损耗及计算方法：按合同数量交货，短溢装范围为 0~+3%。

五、包装标准、包装物的供应和回收：卷筒布包装不定码，内衬塑料袋，段长 30m 以上，交货数量允许 0~+3%。

六、验收标准、方法及提出异议期限：购货方在收货后发现质量问题立即通知供货方，供货方在得到通知后立即解决并保证不影响购货方的交期。

七、结算方式及期限：货到购货方仓库后天凭全额增值税发票结款。

八、违约责任：交货期每延迟交货壹天，每日按合同总价的 2% 计算违约金，由供货方支付购货方。如因数量/质量等问题因供方原因造成客户拒收货物/退货/索赔或扣款等，由供方承担一切责任。

九、解决合同纠纷的方式：由当事人双方协商解决。协商不成，当事人双方同意由购货方所在地人民法院管辖处理。

十、其他约定事项：

十一、合同有效期限：　　年　　月　　日至　　年　　月　　日

购货方：　　　　　　　　　供货方：

单位地址：　　　　　　　　单位地址：

法定代表人：　　　　　　　法定代表人：

电话：　　　　　　　　　　电话：

二、采购单的重点内容

在处理采购单时，要着重注意以下内容。

（1）交货日期。超期要有违约金。

（2）品质要求。若有布样，最好用签字后的布样。

（3）回签和盖章。

（4）布料供货过程中出现的各种问题，要明确如何解决和索赔，如延期交货、厚度不够、条数不足等问题，在合同上要写清楚。

（5）合同条款要能生效，且对双方都有约束力。重要的要求一定要写清楚。

三、面料采购时须注意的外观品质以及内在质量要求

了解材料的品质等级，基于对服装品质及售后保养的考虑，设计师要了解面料的外观品

质以及内在质量。外观品质包括疵点、色差、纬斜等，内在质量指色牢度、强度、缩水率等。

面料成本是服装产品中最大的成本构成，面料的质量会直接影响服装产品的外观与内在质量。如果采购来的面料有严重质量问题，服装生产商不但要承受巨大的损失，而且会因重新寻找面料而延误产品的生产。因此，在选材特别是签订购销合同时，一定要注意了解材料的品质等级。

面料常见的质量问题应根据面料生产方式、加工工序、织物特点的不同而各有侧重，了解时要注意掌握主要问题和经常发生的问题，并结合服装产品的品质等级、服装类型、使用特点加以考虑。例如，对服装应采用水洗还是干洗，以及裁剪、缝制、定形等加工工艺特点进行综合考虑，以便区别优劣，决定可否选用；或在考虑降低面料成本的前提下，对存在个别问题的材料采取必要的弥补手段，以保证服装产品达到尽可能好的效果。面料常见外观质量问题见表2-15，面料常见内在质量问题见表2-16，针织面料的常见问题见表2-17。

表2-15　面料常见外观质量问题

名称	问题的表现	使用时会导致的后果
纬斜	面料纬纱与经纱不垂直，发生倾斜	成衣水洗后会发生变形
左右色差	布面两边颜色不一样，或色彩不均匀	衣片色差
前后色差	布匹两头颜色不一样，或色彩不均匀	衣片色差
匹差	每匹面料颜色不一样	造成裁剪困难，面料损耗大
拖浆	布面花纹有拖浆痕迹	花形变形
花糊	布面花纹线条过粗，发生渗化	花形失真
对花不准	布面花纹位置偏移	花形失真、重叠或漏色
皱条	布面不平整	裁剪要避让或无法裁剪
擦伤	布面花纹有浅色纹路	裁剪要避让或无法裁剪
棉结	布面不光洁，有明显颗粒	裁剪要避让，面料损耗大
跳纱	布面出现漏洞或抽丝	裁剪要避让，面料损耗大
污渍	布面不干净，有污渍	裁剪要避让，面料损耗大
空花	印花时漏浆，布面花纹有白色斑点	裁剪要避让，面料损耗大
风渍	布面折痕严重	裁剪要避让，面料损耗大
过度缩水	面料僵化	无法裁剪
门幅不均	布匹的宽幅不一致	排料困难，面料损耗大

表2-16　面料常见内在质量问题

名称	会出现的问题	使用时会导致的后果
色牢度不达标	洗涤、熨烫、摩擦、日晒后褪色	洗涤时污染其他衣物及褪色
强度不达标	面料容易撕裂	影响服装寿命
缩水率超标	经测试缩水率过大	水洗后服装尺寸缩短
热缩率超标	定形、烫整时发生变形	影响服装外观质量

表 2-17 针织面料的常见问题

名称	问题的表现	使用时会导致的后果
漏针	布面出现破洞	裁剪要避让，面料损耗大
阴阳条	布面出现横纹	无法裁剪，面料损耗大
克重不足	面料变薄、变稀	降低服装品质
僵硬、发脆	面料手感差，牢度不够	降低服装品质
缩水率超标	水洗后尺寸变化大	服装缩小、变形
色牢度差	水洗时脱色	褪色并污染其他服装
纹路歪斜	纵向或横向纹路不正	水洗后服装歪斜，影响美观
脏污、油污	沾染油渍或其他污染物	无法裁剪或影响穿用
异味	面料有严重异味	降低服装品质，影响穿用

【延伸阅读】面料变质的识别

织物主要是在储藏和保管时发生变质，如霉烂、发脆、变色、虫蛀、鼠咬等。使用变质面料，会严重影响服装质量和穿着。织物外观质量的识别方法，归纳起来主要有"看、摸、听、嗅、舔"5 方面。

1. 看

主要是观察织物的色泽、外形，有无变质留下的痕迹，如风渍、油污、水斑、霉点、沾色等，或查看织物是否有与织品正常状态不一的异样特征。

2. 摸

就是用手摩擦或抓捏织物，体会织物有无僵硬感、潮粘、发热等发生变质的症状。

3. 听

通过听撕扯织物时所发出的声音，并与正常时所发出的清脆声响相对照，察觉异常情况。如声音的哑、浊、无声等。

4. 嗅

主要是通过嗅觉来察觉织物有无变质的味道（经过特殊整理的织物除外），如有无酸、霉、漂白粉等异样气味。

5. 舔

通过舌头的味觉，来察觉织物有无如面粉发霉或带酸味等变质情况。

【岗位对接】有效门幅与 190T 的含义

1. 有效门幅

有效门幅指净门幅，即除布边外的宽度。一般的 144.8cm/147.3cm（57 英寸 / 58 英寸）门幅，有效门幅就是 56 英寸。门幅是边到边的，布边一般有 1~2cm。有的是光边的有效就是 144.8cm/147.3cm（57 英寸 / 58 英寸），有的加密的布边，两边加起来有 4cm。

2. 190T

其表示机织面料经纬密度之和为 190，即纵横各 25.4mm（1 英寸）内的经纱数 + 纬纱数。现在在面料市场中，多用于标注化纤长丝织物的规格参数。

【课后练习】

1. 下列属于合成纤维的是 （　　）

　　A. 棉纤维　　　　　　B. 涤纶纤维　　　　　　C. 亚麻纤维　　　　　　D. 粘胶纤维

2. 质量轻、手感软、保暖好，有"软黄金"之称的特种动物毛是 （　　）

　　A. 绵羊绒　　　　　　B. 山羊绒　　　　　　C. 兔毛　　　　　　D. 马海毛

3. 下列可极大的用来增加织物弹性的纤维是 （　　）

　　A. 氨纶　　　　　　B. 锦纶　　　　　　C. 羊毛　　　　　　D. 涤纶

4. 在燃烧时不会发出烧头发味道的是 （　　）

　　A. 羊毛　　　　　　B. 桑蚕丝　　　　　　C. 纯棉织物　　　　　　D. 兔毛

5. 下面的图标是哪种织物的标志 （　　）

　　A. 纯棉织物　　　　B. 纯毛织物

　　C. 丝织物　　　　　D. 毛混纺织物

6. 丝织物的重量单位通常用以下的哪种形式表示 （　　）

　　A.g　　　　　　B.g/m^2　　　　　　C.m/m　　　　　　D.g/m^3

7. 机织物规格可以用 32×28×210×180 来表示，其中第二个数字"28"表示（　　），单位（　　）；第三个数字"210"表示（　　），单位（　　）。

　　A. 经密　　　　　　B. 纬密　　　　　　C. 经纱细度　　　　　　D. 纬纱细度

　　E.tex　　　　　　F. 根 /10cm

8. 常用纺织纤维当中强度较高且耐磨性最好，常作丝袜的是（　　）；抗皱免烫，有"免烫纤维"之称的是（　　）；蓬松保暖，有"合成羊毛"之称的是（　　）。

　　A. 麻　　　　　　B. 丙纶　　　　　　C. 锦纶　　　　　　D. 羊毛

　　E. 棉花　　　　　F. 涤纶

9. 棉织物重量通常用（　　）表示。

　　A. 平方米无浆干重　　B. 平方米标准重量　C. 平方米称得重量　　　D. 每米标准重量

10. 下面织物中经纬纱均采用 36tex 的纱线，最轻的织物是（　　）。

　　A. 280×220　　　　B. 300×200　　　　C. 260×230　　　　D. 280×240

11. 下面三种织物中，生产成本最高的织物是（　　）。

　　A. 480×320　　　　B. 440×360　　　　C. 470×330

12. 织物匹长、幅宽、厚度的单位为（　　）。

　　A. m，cm，mm　　B. m，m，mm　　　C. m，mm，mm　　　D. m，cm，cm

项目三　服装辅料认识

❋ 项目导入

　　走进辅料市场，我们可以看到成千上万种五彩缤纷、风格各异的辅料。面对琳琅满目的辅料，应该怎样为我们的服装作品挑选合适的材料呢？

❋ 项目目标

　　1．掌握辅料分类及其作用，会识别辅料的基本类别。

　　2．识别辅料的品种与材质、外观特征。能区分辅料的材质。

　　3．能描述衬料、拉链、纽扣的型号规格的意义。

　　4．能根据服装类型初步选择辅料。

　　5．了解包装辅料的种类。

任务 3-1　辅料的类别与作用

❋ 关键词

　　里料、衬料、拉链、纽扣、填充物、商标。

❋ 任务描述

　　1．目的：掌握辅料分类及其作用，会识别辅料的基本类别。

　　2．要求：学生 4 人一组，相互研究同学身上的衣服都用了哪些辅料，记录下来；根据自己的掌握性能收集尽可能多的辅料，填写完成表 3-1。

　　3．地点：一体化教室。

　　4．备用材料：上课前需准备以下材料：里料、衬料、垫料、填充物、拉链、纽扣、线带类材料、装饰材料、商标各若干。

　　5．教学建议：老师以"教、学、做"一体化的方式来教学。可以以课前所备材料结合师生身上所穿着服装，按分组研究→讨论分析→实样对照→认知实践的步骤进行教学。

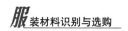

表 3-1 服装辅料收集表

1. 名称：	2. 名称：	3. 名称：
粘贴实物	粘贴实物	粘贴实物
在服装中的作用：	在服装中的作用：	在服装中的作用：
所属辅料类别：	所属辅料类别：	所属辅料类别：
4. 名称：	5. 名称：	6. 名称：
粘贴实物	粘贴实物	粘贴实物
在服装中的作用：	在服装中的作用：	在服装中的作用：
所属辅料类别：	所属辅料类别：	所属辅料类别：
7. 名称：	8. 名称：	9. 名称：
粘贴实物	粘贴实物	粘贴实物
在服装中的作用：	在服装中的作用：	在服装中的作用：
所属辅料类别：	所属辅料类别：	所属辅料类别：

一、服装辅料的定义

服装辅料（Garment Auxiliary）是构成服装的材料中除了面料以外的所有其他材料的总称。

二、服装辅料的种类

根据材料的基本功能和在服装中的使用部位，服装辅料可分为七种（图 3-1）。

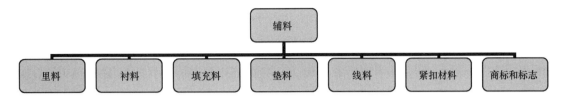

图 3-1　服装辅料的种类

1. 里料（Garmentl Lining）

里料（图 3-2）是指服装最里层的用来部分或全部覆盖服装背里的材料,也称里子或夹里。一般用于中高档的呢绒服装、有填充料的服装、需要加强支撑的面料的服装以及一些比较精致、高档的服装中。里料可增强服装的造型与美观性,衬托及保护面料,防止填充料外露并增加服装的保温效果。

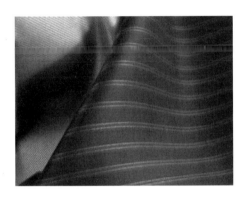

图 3-2　里料

2. 衬料（Garment Interlining）

衬料指用于服装的前胸、门襟、领部、两肩,袖口与下摆等部位,依附在服装面料和里料之间的垫衬材料。衬料的主要作用是使服装具有理想的曲线和立体造型,同时还有加固、保暖以及稳定结构等作用。衬料的使用是辅助面料完成服装造型的手段,它必须为服装造型服务,充分满足服装造型的需要。服装设计师可以借助适当的衬料,完成服装造型的设计。经编黏合衬如图 3-3 所示。

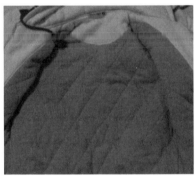

图 3-3　经编黏合衬

3. 填充料（Garment Filling）

填充料是填充于服装面料、里料之间的材料,主要目的是赋予服装保暖、保形以及其他特殊功能。

4. 垫料（Pad）

垫料有肩垫与胸垫,肩垫又称垫肩,是衬在服装肩部呈半圆形或椭圆形的衬垫物,是塑造肩部造型的重要辅料。肩垫的作用是使人的肩部保持水平状态。胸垫是里可以保持服装胸部的平整丰满。垫料如图 3-4 所示。

5. 线料

线料主要有缝纫线（Sewing Thread）和线绳，是指在服装中主要用于缝合衣片、连接各部件的纱线。缝纫线可以做成套结等在服装的开衩处或用力较大处起加固作用，美观的针迹、漂亮的缝纫线可以对服装起装饰作用。另外，还有一些起装饰作用的缎带线绳。线料如图 3-5 所示。

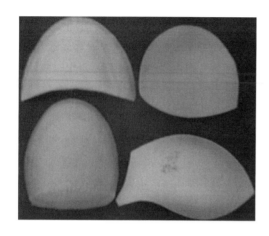

图 3-4　垫料　　　　　　　　　　　图 3-5　线料

6. 紧扣材料（Garment Clasp）

纽扣、拉链、钩、环等属于服装的紧扣材料，在服装中起封闭、扣紧、连接和装饰作用。紧扣材料如图 3-6 所示。

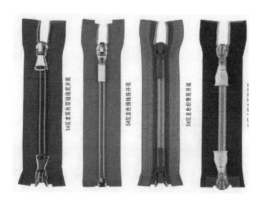

图 3-6　紧扣材料

7. 商标和标志（Trade Mark And Label）

（1）商标。商标是商品的标记，俗称牌子。服装商标就是服装的牌子，是服装生产、经销企业专用在企业服装上的标志。一般用文字、图案或两者兼用表示。同时，商标是服装质量的标志，生产、经销单位要对使用商标的服装质量负责。一些商标图案如图 3-7 所示。

图 3-7　商标图案示例

（2）标志。标志是用图案表示的视觉语言，具有比文字表达思想、传递信息更快速、明了、概括的特点。服装上所使用的标志同样具有这些特点。世界上各国服装标志所表达的内容基本一致，但标志图形符号不完全相同。一般情况下，服装标志具有成分组成（品质表示）、使用说明、尺寸规格、原产地（国）、条形码、缩水率、阻燃性等内容。服装洗涤标志示例见表 3-2。

表 3-2　服装洗涤标志示例

	图标中英文对照说明
	可以手洗 WASHING WITH HAND
	不可机洗 DO NOT MACHINE WASH
	干洗 DRY CLEAN ONLY
	不可漂白 DO NOT BLEACH
	蒸汽熨烫 STEAN PRESSING
	不可转笼翻转干燥 DO NOT TUMBLE DRY
	平摊干燥 FLAT DRY

任务 3-2　各类辅料的品种与规格型号

✿ 关键词

黏合衬、树脂衬、黑炭衬、马尾衬、腰衬、牵条衬、羽绒、丝绵、太空棉、肩垫、拉链、纽扣、规格型号。

✿ 任务描述

1. 目的：能描述具体的辅料品种，识别其外观特征并能区分各类辅料的材质。了解衬料、拉链、纽扣型号规格的意义。

2. 要求：学生 2~4 人一组，每组学生参照一件冬装实样，分析该冬装所用的辅料，并填写入表 3-3。

3. 地点：一体化教室。

4. 备用材料：上课前需准备里料、衬料、垫料、填充物、拉链、纽扣、线带类材料、装饰材料、商标各若干。

5. 教学建议：老师以"教、学、做"一体化的方式来教学。可以课前所备材料结合师生身上所穿着服装，按分组研究→讨论分析→实样对照→认知实践的步骤进行教学。

表3-3 冬装辅料分析表

辅料种类	使用的辅料名称	辅料的材质	辅料的规格型号

一、服装衬料

1.衬料的种类

按衬料的原料，有棉衬、麻衬、毛衬、化学衬和纸衬等；按衬料的使用方式，有热熔黏合衬与非热熔衬。

（1）棉衬（Cotton Interlining Cloth）。棉衬又称软衬，多采用本白棉布，不加浆剂处理，常与其他衬料配用，用以调节服装各部位的软硬、厚薄。棉衬分为粗布衬和细布衬两种，其特点是布面平整有粗糙感，质地柔软，有一定的挺括度和弹性，属于低档衬料，是一般衣料服装的衬布用料，也常作牵条布用。

（2）麻衬（Bast Lining）。麻衬分为麻布衬与上蜡软布衬。麻布衬是以麻纤维为原料的平纹织物，具有较好的弹性和挺括的手感，常用作普通中山装、西装等服装的衬布，多用在腰节以上的胸部和肩部。上蜡软衬布使用麻、棉混纺纱织制的平纹织物，在织物上浸渍适当的胶汁，表面呈微黄色，幅宽为76cm和83cm。其特点是硬挺滑爽、柔软适中，富有弹性，韧性较好，但缩水率较大（6%左右），要进行预缩水。其适用于中厚型及薄型服装。

（3）毛衬（Animal Wool Interlining）。毛衬包括黑炭衬和马尾衬。

①黑炭衬（Hair Interlining Cloth）。黑炭衬又叫毛鬃衬或毛衬，是用棉或棉混纺纱线为经纱，牦牛毛（或山羊毛）与棉（或人造棉）混纺的纱线为纬纱交织成的平纹布。其外观多为黑褐色或杂色，幅宽一般有74cm、79cm、81cm三种。其特点是硬挺度好，质优良，纬向弹性好，因而造型性很好，如图3-8所示。其多用作高档服装的衬料，如男女中厚型面料服装的胸衬、男女西装的驳头衬等。

②马尾衬（Horse Hair Cloth）。马尾衬以棉纱或棉混纺纱作经，以单根马尾丝作纬交织而成的平纹织物。其中，马尾丝也可以采用刚度大、弹性好的粗线密度（1tex以上）长丝作芯，

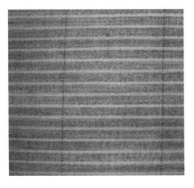

图 3-8　黑炭衬　　　　　　　　　　　　　　　　图 3-9　马尾衬

包裹棉纱纺成的包芯纱来代替。由于棉纱与马尾丝在刚性、弹性等方面存在巨大差异，因此马尾衬的经纬方向是各向异性的，其幅宽大致与马尾的长度相同，布面稀疏，类似萝底（图 3-9）。其特点是弹力很强，挺括度高，归拔定型效果好，常作为高档服装的胸衬。它能使服装造型圆润丰满、持久，特别是在抗皱性和洗后保形性方面最突出，一般用于男女中厚型西装、大衣等，在潮湿状态下进行热定形处理即可获得美观造型。

　　（4）化学衬（Chemical Interlining）。化学衬是由化学原料（如聚酯、聚酰胺、聚乙烯等）制成黏合剂附着在织物上而形成的衬料，包括树脂衬、黏合衬和薄膜衬。

　　①树脂衬（Resin Interlining）。树脂衬（图 3-10）是在纯棉或涤棉混纺织物上浸轧以树脂胶所形成的衬料。其特点是急弹性好，硬挺度高，缩率小，但是黏合在衣料上后，手感较板，不适合在软工艺上大面积使用。其主要用于需要挺括、定型或需要塑型的部位。树脂衬以漂白多，按厚度编号，多用于硬领中山装和

图 3-10　树脂衬

衬衫的领衬等。裁剪时应考虑树脂衬与面料丝缕的配合，最好采用斜裁，以增加弹性。

　　②机织热熔黏合衬（Woven Fusible Interlining）。机织热熔黏合衬（图 3-11）简称有纺衬，是以纯棉或棉与化纤混纺的平纹机织物为底布，在其一面涂上热熔胶制成的衬料。其特点是使用方便，各方向受力稳定性和抗皱性能较好，并且规格种类较多，可以根据不同的服装面料质地、不同的部位以及所需服装形态选择不同厚薄、克重的有纺衬。其适用于中高档服装。

　　③针织热熔黏合衬（Knitted Fusible Interlining）。针织热熔黏合衬（图 3-11）是以涤纶或锦纶长丝经编针织物或纬经编针织物为底布，涂上热熔胶制成的。其特点是弹性较大，适用于针织或弹性服装。

　　④非织造热熔黏合衬（Nonwoven Fusible Interlining）。非织造热熔黏合衬（图 3-11）简称无纺衬，是用针刺、浸渍黏合、热印黏合等方法将各种化纤制成底布涂上热熔胶制成。由于属于非织造织物，特点是价格低廉，品种多样，但不耐洗，适用于中低档服装。

图 3-11 黏合衬（机织物、针织物、非织造织物）

图 3-12 领底呢

⑤薄膜衬（Film Interlining）。薄膜衬是由棉布、涤棉布与聚乙烯薄膜复合而成的衬布。其具有弹性好、硬挺度高的优点，而且耐水洗性能好，主要用作硬领的领角部位。

（5）领底呢（或领底绒，Collar Bottom Interlining）。领底呢（或领底绒，图 3-12）是近几年由于新工艺而产生的服装新材料，是高档西装的领底用材料。其由毛和粘胶纤维针刺成呢，经定形整理而成，特点是刚度与弹性好，可以使西服领平薄、挺实，富有弹性且不易变形。

（6）腰衬（Inside Belt or Inside Tape）。腰衬（图 3-13）主要起硬挺、防滑和保形作用，按用途可分为中间腰型腰衬和腰头装饰衬。中间型腰衬是用锦纶、涤纶长丝或涤棉混纺纱线按不同的腰高织成带状衬带，有较大的刚度与强度，不倒不皱，并在其正面有凸起的橡胶织纹，以增加摩擦力，防止穿着时下滑。

（7）牵条衬（Tape）。牵条衬（图 3-14）又叫嵌条衬，是用棉布或其他衬料按所需宽度

图 3-13 腰衬

图 3-14 牵条衬

形成一斜裁的窄布条，主要用在袖窿、领窝、开袋处等部位。牵条衬的主要作用是防止服装易变形部位在制作过程中扭曲，如衣片的止口、下摆、袖窿、驳口线以及接缝等，常用的宽度有 10mm、15mm、20mm。

2. 黏合衬的规格型号

衬料的编号由英文字母和阿拉伯数字组成，分为三个部分。第一部分是英文字母，表示基布原料标记代号；第二部分为三位阿拉伯数字分别表示衬布类别、热熔胶种类和涂布工艺。第三部分为三位数字，表示基布的平方米质量（g/㎡）。

（1）第一部分。基布原料标记代号（表 3-4）用英文字母表示。单个英文字母表示基布是由单一纤维构成的，两个或三个以上英文字母表示基布是由两种或两种以上纤维混纺或交织（或混合）制成的。

表 3-4　基布原料标记代号

基布材质	棉	麻	丝	毛	涤	锦	腈	丙	粘胶	氯	维
标记代号	C	F	S	W	T	N	A	O	R	L	V

（2）第二和第三部分。用阿拉伯数字表示的内容。第二部分有三位阿拉伯数字，其含义见表 3-5。第三部分由三位数组成，表示衬布品种规格（即衬布基布的平方米质量）。如平方米质量为两位，则第一位为 0。第三部分与第二部分之间用一字线连接，如 C100—150、NR337—110、TR444—030、TC234—120。

表 3-5　服装衬料编号

序号	第一位数（衬布分类）	第二位数（热熔胶种类）	第三位数（涂布工艺方法）
0		不用热熔胶	无涂布工艺
1	机织树脂衬布	Hdpe（高密度聚乙烯）	热熔转移法
2	机织热熔黏合衬布	Ldpe（低密度聚乙烯）	撒粉法
3	针织热熔黏合衬布	Pa（聚酰胺类）	粉点法
4	非织造热熔黏合衬布	Pes（聚酯类）	浆点法
5	机织黑炭衬布	Eva（乙烯 – 乙酸乙酯）	网点法
6	机织多段黏合衬布	Eva–L（Eva 的皂化物）	网膜法
7		热熔纤维	双点法

二、服装里料

1. 里料（Garment Lining）的种类

里料按加工工艺有活里、死里、全里与半里之分，根据里料的原料有天然纤维里料、再生纤维素纤维里料、合成纤维里料、混纺和交织里料。

（1）天然纤维里料。其主要有棉布里料和真丝里料等。

①棉布里料。棉布里料吸湿透气性好，不易产生静电，穿着舒适，缺点是不够光滑，易皱，穿脱不方便；常用的棉里里料有府绸、斜纹绸（图3-15）、绒布。其主要用于婴幼、儿童服装及中低档夹克衫等。

②真丝里料。真丝里料柔软、光滑，色泽

图 3-15　斜纹绸

艳丽，吸湿透气性好，对皮肤无刺激性，不易产生静电，但易皱，耐机洗性差，强度较低，价格较高，经纬线易滑脱；常用的织物有电力纺、斜纹绸。其主要用于高档服装，尤其是丝绸或夏季薄毛料服装。

（2）再生纤维素纤维里料。再生纤维素纤维里料有粘胶纤维里料、醋酯纤维里料、铜氨纤维里料等，其主要产品有美丽绸（图3-16）、富春纺等。

①粘胶纤维里料。粘胶纤维里料手感柔软，有光泽、吸湿性强、透气性较好，但容易发生变形，强力亦较低，牢度差。粘胶短纤的里料用于中低档服装，长丝里料用于中高档服装，但缺点是缩水率大，湿强力很低，不宜用于经常水洗的服装。

②醋酯纤维里料。醋酯纤维里料（图3-17）在手感、弹性、光泽和保暖性方面的性能优于粘胶纤维里料，在一定程度上有蚕丝的效果，但强度低，吸湿性差，耐磨性也差。它的用途与粘胶纤维一样。

图 3-16　美丽绸

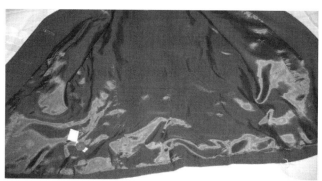

图 3-17　醋酯纤维里料

③铜氨纤维里料。铜氨纤维里料在许多方面与粘胶纤维里料相似，光泽柔和，有真丝感，湿强力小。

（3）合成纤维里料。合成纤维里料有涤纶里料和锦纶里料等，其产品有涤塔夫绸（图3-18）、尼丝纺（图3-19）等。

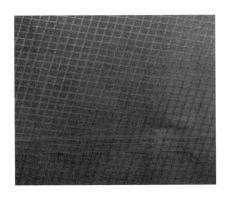

图 3-18　涤塔夫绸

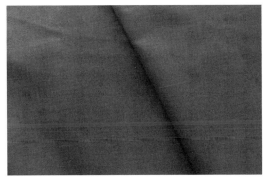

图 3-19　尼丝纺

①涤纶里料。涤纶里料坚牢挺括，易洗快干，尺寸稳定，不易起皱，强力高，但是透气性差，易产生静电，用于一般性服装，尤其是风衣。

②锦纶里料。锦纶里料强力较大，伸长率大，弹性恢复性好，耐磨性和透气性优于涤纶，但保形不好，不挺括，耐热性较差。

（4）混纺和交织里料。混纺和交织里料兼有两种原料的性能。以粘胶或醋酯人造丝为经纱，粘胶短纤纱或棉纱为纬纱交织而成的羽纱，是西装、大衣、夹克衫等服装的传统里料之一。涤棉混纺里料结合天然纤维与化学纤维的优点，吸水性较好、坚牢，价格适中，能适应各种洗涤方法。醋酯纤维与粘胶纤维混纺里料光滑、质轻，适用于各种服装，其缺点是缩水率大，裁口易滑脱。

2. 里料的规格

里料使用的主要是机织物或针织物，所以其规格型号与面料是相同的，主要以织物的经纬纱粗细与织物的密度、织物的重量、幅宽为其规格的表现形式。

如府绸 JC7. 3 ×T/C 65/35　9 .7×472×274.5×30×120，表示该里料是一种府绸，其经纱是 7.3 支精梳棉纱，纬纱是 9 .7 支涤 / 棉混纺纱，其中涤 65%，棉 35%，织物经纬密分别是 472 根 /10cm 和 274.5 根 /10cm，织物匹长 30m，幅宽为 120cm。

三、服装填充料

根据形态，服装填充料可分为絮类填料和材类填料两种。絮类填料是指未经纺织加工的天然纤维或化学纤维，如棉絮、丝绵、羊毛、羽绒、驼绒等。它们没有固定的形状，处于松散状态，填充后要用手绗或绗缝机加工固定。材类填类（泡沫塑料、太空棉等）与絮类填料的不同之处在于，材类填料具有松软、均匀、固定的片状形态，可与面料同时裁剪，同时缝制，工艺简单。其最大的优点是可整件放入洗衣机内洗涤，因此深受人们的欢迎。

1. 絮类填料

（1）棉絮填料（Cotton Filling）。棉絮舒适、保暖性好，特别是新棉花和热晒后的蓬松棉花因充满空气而十分保暖。但棉花弹性差，受压后弹性和保暖性降低，水洗后难干、易变形。其广泛用于婴幼、儿童服装及中低档服装。

（2）丝绵（Floss Silk Wadding）。丝绵（图 3-20）是用蚕茧的茧层及蛹衬等加工而成的薄片绵张，有手工和机制两类，前者是袋形，后者是方形，都是高档的御寒填料。丝绵具有质感轻软、光滑，保暖性、弹性、透湿透气性好等优点。

（3）动物绒（Animal Wool）。羊毛和驼绒（图 3-21）是高档的保暖填充料，其保暖性、弹性、透湿透气性都很好，但易毡结和虫蛀，可混以部分化纤以增加其耐用性和保管性。动物绒可以絮状使用，也可生产成片状的材类填料。

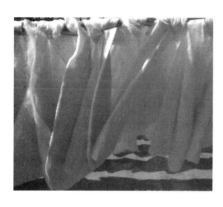 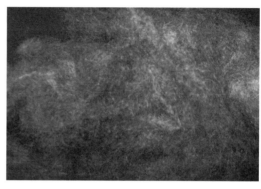

图 3-20　丝绵　　　　　　　　　　　　　图 3-21　驼绒

（4）化纤填料（Chemical Fiber Filling）。化纤填料有洗涤方便，耐用性、保管性好，品种丰富，价格较低等优点，但大部分有透湿透气性差等缺点。化纤填料中保暖性能较好且应用较广的有"腈纶棉""中空棉"和"珍珠棉"。腈纶有人造羊毛之称，质轻而保暖，所以被广泛用作絮类填料。中空纤维则由于其多孔结构，使得纤维本身具有很好的保暖性能，因而也被广泛地用作絮类填料。珍珠棉（图 3-22）则是将三维卷曲中空纤维通过特殊成球技术加工成球形状棉，棉球内部空心，有较大的透气空间，保暖性和透气性更强。

（5）羽绒（Down）。羽绒（图 3-23）的原材料主要是鸭绒，也有鹅、鸡、雁等毛绒。羽绒质轻，导热系数小，蓬松性好，保暖性好。但由于资源限制，价格昂贵，所以羽绒仅适用作高档服装和时装的絮类填料等。用羽绒作絮类填料时，应注意羽绒的卫生消毒、外围包覆材料的紧密度以及防止羽绒下坠而影响服装造型等。

图 3-22　珍珠棉　　　　　　　　　　　　图 3-23　羽绒

（6）混合材料（Blended Material）。混合材料是将不同的材料混合在一起填充到服装里，主要目的是为了充分发挥各种材料的特性并降低成本。典型的混合材料是采用70%的驼绒和30%的腈纶混合以及50%的羽绒和50%细特涤纶混合的絮类填料。合成纤维的加入如同在天然毛绒中增加了"骨架"，可使絮类填料更加蓬松，还可防止羽绒下坠，进一步提高保暖性，同时改善了絮类填料的耐用性和保管性，并降低了成本。

2. 材类填料

（1）喷胶棉（Spray-Bonded Nonwoven Fabric）。喷胶棉（图3-24）又称喷浆絮棉，是非织造布的一种，是将黏合剂喷洒在蓬松的纤维层的两面，由于在喷淋时有一定的压力，以及下部真空吸液时的吸力，所以纤维层的内部也能渗入黏合剂。喷洒黏合剂后的纤维层再经过烘燥、固化，使纤维间的交接点被粘接，而未被彼此粘接的纤维仍有相当大的自由度。同时，在三维网状结构中，仍保留有许多容有空气的空隙。因此，纤维层具有多孔性、高蓬松性的保暖作用。

（2）针刺棉（Punched Cotton）。针刺棉（图3-25）是通过机械作用，即针刺机的刺针穿刺作用，将蓬松纤维网加固而成，也是非织造布的一种，具有重量轻、保暖性高、无污染、防霉性好、可洗涤等优点。由于通过针刺加固，因此针刺棉不及喷胶棉蓬松。

图3-24　喷胶棉　　　　　　　　　　　　图3-25　针刺棉

针刺棉的种类有化纤针刺棉，大多是用涤纶、丙纶做成；也可生产纯棉针刺棉，即将棉纤维用针刺成絮片。另外，还有远红外、负离子、阻燃纤维、羊绒、羊毛、驼毛、麻纤维、竹纤维、玉米纤维、大豆纤维等纤维做成的针刺棉。每种纤维制成的针刺棉都会具有该类纤维的优良特点。

（3）热熔棉（Thermo-Fusion Cotton）。热熔棉（图3-26）就是在蓬松的纤维网中混入一定比例的低熔点纤维，然后在一定温度下对纤维网进行烘燥，使低熔点纤维熔融，将纤维网中的纤维黏合在一起，形成一定的形态。如果再将热熔棉进行表面压光处理则被称作仿丝绵。由于在纤维网中黏合点无论是在表面还是纤维网内部都分布均匀，所以采用热熔方法生产的热熔棉或仿丝绵手感柔软、蓬松度好、机械强度好、耐洗涤，各项性能都得到了较大改善，使之成为喷胶棉的替代产品。

图 3-26　热熔棉

羽绒棉也是热熔棉的一种，其特点是，纤维网中主体纤维内混入一定比例的经过硅油处理的中空高卷曲涤纶，使产品较普通的热熔棉滑爽、蓬松，手感类似羽绒。

（4）太空棉。太空棉是一种复合的材类填料，由非织造布、聚乙烯塑料薄膜、铝钛合金反射层和表层（保护层）四部分组成的金属膜表层与涤纶弹力绒絮片组成的基层经针刺法复合在一起而形成。它利用人体热辐射和反射原理达到保温作用，具有良好的隔热性能。其具有"轻、薄、软、挺、美、牢"等许多优点，直接加工无需再整理及绗线，并可直接洗涤，是冬季抗寒的理想产品，也是抗热、防辐射不可多得的产品。

（5）天然毛皮（Natural Fur）。由于天然毛皮的皮板密实挡风，而绒毛中又存有大量的空气而保暖，因此，普通的中低档毛皮仍是高档御寒服装的絮类填料。

（6）泡沫塑料（Foam Plastics）。常见的泡沫塑料是聚氨酯。泡沫塑料有许多储存空气的微孔、蓬松、轻而保暖。用泡沫塑料作絮类填料的服装挺括而富有弹性，裁剪加工也简便，价格便宜。但由于不透气，穿着舒适性和卫生性差，且易老化发脆，通常只用于一般的救生衣等。

3. 特殊填料（Special Material）

为使服装达到某种特殊功能而采用的特殊填料。如使用消耗性散热材料作为填充材料，或在服装的夹层中使用循环水或饱和碳化氢，以达到服装的防辐射目的；又如采用甲壳质膜层（合成树脂与甲壳质的复合体）作为服装的夹层，以适应迅速吸收人体汗液的目的；将药剂置入贴身服装中，可以用于治病或起保健作用等。

4. 服装填料的规格

絮类填料形态蓬松，无一定的规格。材类填料有一定的形态，其主要规格有重量、宽度与厚度三个方面。材类填料的规格可由填料的使用对象而定，可以应用在服装中，也可应用于家用纺织品。其中喷胶棉的规格为重量 40~500g/m²、宽度 0.5~3.2m、厚度 0.5~5cm。针刺棉的规格为重量 60~1000g/m²、宽度 0.5~2.5m、厚度 0.1~1cm。

四、服装垫料

服装垫料最常用于肩垫（又叫垫肩），同时也有用于文胸的胸垫。其中肩垫的形态有底面有钩状且表面有弧度的勾拱形，如龟背形，尾部用刀齐口切开的开断形、半圆形，表面有弧度底面无钩状的尾弧形。从材料与加工方法上来分，肩垫也有很多种。现有的肩垫是使用多种原料、应用多种加工方法加工而成的。

1. 肩垫的种类

（1）针刺肩垫（Punched Pad）。针刺肩垫（图3-27）是以棉絮或涤纶絮片、复合絮片等材料为内芯，辅以黑炭衬或其他衬料作外层，用针刺的方法使外衬与内芯缠结复合，再用细线缝合而形成的。其耐洗性和耐热压烫性能好，在使用过程中尺寸稳定，经久耐用。普通化纤针刺肩垫价格适中，广泛应用于各类职业服装；而纯棉针刺绗缝肩垫则属于较高档次的肩垫，多用于高档西服、制服及大衣等服装。

图3-27 针刺肩垫

（2）定型肩垫（Set Pad）。定型肩垫（图3-28）是使用EVA粉末，把涤纶针刺棉、海绵、涤纶喷胶棉等材料通过加热复合定型模具复合在一起而制成的。此类肩垫富有弹性并易于造型，具有较好的耐洗性能，形状、品种较多。其多用于插肩服装、时装、女套装、风衣、夹克衫、羊毛衫等。

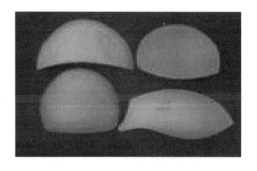

图3-28 定型肩垫

（3）海绵肩垫（Sponge Pad）。海绵肩垫（图3-29）是将海绵切削成一定形状，再粘合成形而成。也可在海绵肩垫上包布，成为海绵包布肩垫。此类肩垫弹性好，制作方便，价格较低，可作为大众化肩垫产品。为了改善其耐洗性，往往在其上包缝经编布或其他机织纱布，多用于女衬衫、时装、羊毛衫等。

2. 肩垫的规格

肩垫的规格包含长、宽、厚和高跨比四个指标。

（1）肩垫的长度。肩垫的长度指顺肩方向为长

图3-29 海绵肩垫

面的中心线的长度。测量时，以自然形状面为底面量，量的时候一定按压平整。

（2）肩垫的宽度。肩垫的宽度指沿肩方向的最大跨度。

（3）肩垫的厚度。肩垫的厚度指面与底之间的厚度。

（4）高跨比。高跨比指肩垫的高度与跨宽之比。

例如，肩垫的规格为145mm×95 mm×8mm，是指肩垫长为145mm，宽为95mm，厚度为8mm。

五、服装线料

服装线料有线类、带类及花边三种，线产品主要有缝纫线、工艺装饰线和特种用线，带

类产品有装饰类、实用性、产业性以及护身性带类，另外还有装饰用的花边。

1. 缝纫线种类与规格

缝纫线使用的原料主要有棉、涤纶、锦纶、真丝等。不同的服装，按使用面料的种类与性能选择不同的缝纫线。工业与家用的缝纫线的长度也不同。

（1）按线的原料分。

①棉线（Cotton Yarn）。棉线有无光线、蜡光线和丝光线三种。无光线大多做成绞线，用作线钉线。蜡光线经上蜡工艺处理，表面光滑，摩擦力小，适合缝纫机使用。丝光线经丝光、烧毛、练漂等工艺处理，质地柔软、光滑，适合于电动缝纫机或缲边机上使用。

②真丝线（Real Silk Thread）。真丝线常用来缝制真丝服装、羊毛服装、皮革服装等高档服装。

③麻线（Flaxen Thread）。麻线强度大，可用来缝制牛仔服或纳制鞋底。

④涤纶缝纫线（Polyester Sewing Thread）。其在缝纫线中占主导地位，具有强度高、光泽好、柔软、缩水率低、物理与化学性能稳定、耐磨性好、可缝性好等性能。其中涤纶低弹丝缝纫线的光泽和弹性较好，适宜缝制弹性织物。

⑤锦纶缝纫线（Polyamide Sewing Thread）。其强度高，耐磨好，线质光滑，弹性好，缺点是耐热性较差，不适应高速缝纫。

⑥涤棉混纺缝纫线（T/C Sewing Thread）。它广泛应用于各类服装中，多用65%的涤纶和35%的棉纤维混纺而成。其特点处于棉线和涤纶线之间，强力较好，耐磨性较好，耐高温性比纯涤纶线好。

⑦金银线（Metallic Thread）。金银线的颜色有金、银、红、绿、蓝等色，具有金属光泽。但其易发脆、氧化、退色，对碱不稳定，只能用于绣花的点缀或各种商标上。

（2）按卷装形式分。

①轴线（Axis Thread）。轴线（图3-30）有纸芯和木芯两种，长度也有412m和183m两种，适合家庭用。

②宝塔线（Thread on Cone）。宝塔线（图3-31）的特点是长度比较长，便于在快速回转中解脱，长度有3300m、4120m、5000m、5500m等几种，适合企业在电动缝纫机上使用。

图3-30 轴线

图3-31 宝塔线

③绞线（Reeled Thread）。绞线（图3-32）多为手工用线，如手工用的毛线、棉纱线、真丝线、化纤线等。

④线球（Twine Ball）。线球有棉线球（图3-33）、涤棉线球等，一般长度为91.44m，多用作缝棉被、钉纽扣、打线钉等。

图3-32　绞线　　　　　　　　　　　　图3-33　棉线球

2. 带的种类

带主要有缎带、腰带、滚边带、帽墙带、松紧带。

3. 花边产品

花边是指有装饰图案的带状织物，一般用在服装、窗帘、台布、床罩等嵌条或镶边。花边分为机织、针织（经编）、刺绣和编织等几种。

六、扣紧材料

1. 拉链（Zipper）

拉链是用于服装上衣的门襟、袋口，裤、裙的门襟或侧胯部位的紧扣件，在服装中起重要的开启和闭合作用。拉链除了实用性之外，还有很强的装饰性。拉链主要由啮合齿、拉链头、布带三部分构成。布带是衬托啮合齿并借以与服装缝合的部分。啮合齿可由不同材料做成，能相互啮合与分离，起封闭和开启作用。拉头起控制拉链的封闭、开启与锁定作用。拉链的结构及各部分的名称如图3-34所示。

（1）拉链的规格和型号。

①拉链的规格。两侧牙链啮合后的宽度即为拉链的规格，其计量单位是毫米，是拉链中最有特征的、最重要的技术参数。拉链的型号由拉链规格、链牙的厚度及单侧布带的宽度（带单宽）等技术参数决定。

②拉链的型号。型号是拉链形状、结构及性能的综合反映。号数越大，拉链牙齿越粗，扣紧力越大。拉链规格见表3-6。

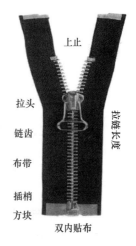

图3-34　拉链的结构及各部分的名称

表 3-6　拉链规格

型号	2	3	4	5	6	8	9
规格 b（mm）	2.5~3.85	3.9~4.8	4.9~5.4	5.5~6.2	6.3~7.0	7.2~8.0	8.7~9.2

注　规格 b 为牙链啮合后宽度的选取范围。

（2）拉链的结构形态分类及其特点。拉链按其结构可以分为闭尾拉链和开尾拉链，常用结构形态拉链的种类及测量见表 3-7。

表 3-7　常用结构形态拉链的种类和测量

拉链的种类	拉链样品	制品尺寸（A）	上带端尺寸（B）	下带端尺寸（C）
开尾拉链		链头头部到开齿最先端为止	从上侧下挡块到缺口处先端为止	
闭尾拉链（Y型）		链头头部到下挡块先端为止	上挡块（有段差时，从高处）到缺口处先端为止	上止先端到缺口处先端
闭尾拉链双拉头两头相背（X型）		链头头部到另一头链头头部为止	上挡块（有段差时，从高处）到缺口处先端为止	跟上带端的情形一样
开尾拉链双拉头两头相背（X型）		上链头头部到开齿最先端为止	上挡块（有段差时，从高处）到缺口处先端为止	
双头闭尾拉链双拉头两头相对（O型）		下挡块先端到另一下挡块先端为止	从上侧下挡块到缺口处先端为止	上止先端到缺口处先端

（3）常用材质拉链的类别及其特点。见表 3-8。

表 3-8　常用材质拉链的类别及其特点

类别名称	拉链样品	特点	主要用途
金属拉链		将铝、铜、镍、锑等金属制成牙后，经喷镀处理而成。颜色受限制，但很耐用，可更换个别损害的牙齿	厚实的制服、军服、防护服和牛仔服

类别名称	拉链样品	特　点	主要用途
树脂拉链		链牙由聚酯或尼龙在熔融状态下的胶料注塑而成。质地坚韧，耐水洗，多色，较金属拉链柔软，牙齿不易脱洛	运动服、夹克衫、针织外衣、羽绒服、工作服
涤纶、尼龙拉链		用聚酯或尼龙作原料制成线圈状的链牙。质地轻巧，耐磨而富有弹性	轻薄的服装和童装

2. 纽扣（Button）

纽扣是闭合和开启服装的扣件，主要用于服装上衣的门襟、袖口，下装的腰部、门襟等处，方便服装的穿脱。纽扣除了连接功能外还具有装饰功能，即除了实用功能以外，还对服装的造型设计起到画龙点睛的作用。

（1）纽扣的分类。用来制作纽扣的材料很多，有木头的、骨头的、玻璃的、塑料的、金属的、树脂的等。纽扣的原料对纽扣的影响最大，根据材料的不同可以制成不同风格的纽扣，比如木质的纽扣有朴素、原始、自然、随意的风格，而金属的纽扣给人以华丽、现代、超前、耀眼的感觉。不同的纽扣有不同的装饰作用，可用于不同的服装。按纽扣的结构可分为以下四种。

①有眼纽扣（Sew-Through Button）。有眼纽扣在扣子中间有两个或四个等距离的眼孔，如图 3-35 所示。不同材料、颜色和形状的纽扣用于不同服装。

②有脚纽扣（Shank Button）。有脚纽扣在扣子的背面有一突出扣脚，脚上有孔，以保持服装的平整，如图 3-36 所示。其常用金属、塑料或面料包覆，一般用于厚重和起毛面料的服装。

 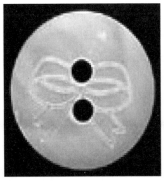

图 3-35　有眼纽扣

图 3-36　有脚纽扣

图 3-37　揿扣

③揿扣（按扣）（Push Button）。揿扣（图 3-37）分为缝合揿扣和用压扣机固定的非缝合揿扣，一般由金属或合成材料（聚酯、塑料等）制成。揿扣固紧强度较高，一般用于工作服、童装、运动服、休闲服、不易锁眼的皮革服装以及需要光滑、平整而隐蔽的扣紧处。

④其他纽扣。用各种材料的绳、饰袋或面料制袋缠绕打结，制成扣与扣眼，如盘扣等，有很强的装饰效果，一般用于民族服装。

（2）纽扣的规格型号。为了控制扣眼的尺寸和调整锁扣眼机，应准确的测量纽扣外径的最大尺寸，非正圆形的纽扣测其最大直径。纽扣外径的尺寸，国际上以莱尼来度量（1 莱尼 =1/40 英寸 = 0.635mm）。纽扣的大小有国际统一型号和各生产厂制定的型号。如树脂纽扣在国际上有统一的型号系列，表 3-9 给出了纽扣规格量度莱尼、毫米以及英寸之间数值对照表。其纽扣型号和纽扣外径尺寸之间的关系可用纽扣外径（mm）= 纽扣型号 ×0.635 关系式表示。

表 3-9　纽扣规格量度对照表

莱尼	mm	英寸	莱尼	mm	英寸
12L	7.5mm	5/16	28L	18.0 mm	23/32
13L	8.0 mm	5/16	30L	19.0 mm	3/4
14L	9.0 mm	11/32	32L	20.0 mm	13/16
15L	9.5 mm	3/8	34L	21.0 mm	27/32
16L	10.0 mm	13/32	36L	23.0 mm	7/8
17L	10.5 mm	7/16	40L	25.0 mm	1
18L	11.5 mm	15/32	44L	28.0 mm	35/32
20L	12.5 mm	1/2	45L	30.0 mm	19/16
22L	14.0 mm	9/16	54L	34.0 mm	21/16
24L	15.0 mm	5/8	60L	38.0 mm	3/2
26L	16.0 mm	21/32"	64L	40.0 mm	25/16"

七、商标与标志

1. 商标的种类

（1）按用途分类。

①内衣用商标。内衣用商标要求薄、小、软，要使用轻柔的面料，使人穿着舒适。

②外衣用商标。外衣用商标相对的大、厚、挺，可选用编织商标、纺织品和纸制的印刷商标。

（2）按使用原料分类。

①纺织品商标（Textile Trade Mark）。商标可用经过涂层的纺织品印制，目前广泛使用的纺织品商标（图3-38）是尼龙涂层布（又称胶带）、涤纶涂层布（又称绑带）、纯棉涂层布、涤棉混纺涂层布。

②纸制商标（Paper Trade Mark）。纸制商标（又称吊牌）。吊牌（图3-39）是服装上最常用的，有正反两面，既可做商标，又可以将标识的内容印制在反面，还可将日历、宣传标语等内容印在其中。

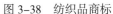

图3-38　纺织品商标

图3-39　吊牌

③编织商标（Knitted Trade Mark）。编织商标（又称织标）。织标（图3-40）一般用41.7~62.5tex涤纶丝在专用设备上编织而成。织标通常用做服装的主要商标。

④革制商标（Leather Trade Mark）。革制商标（又称皮牌）。皮牌（图3-41）是以原皮或合成革为原料，用特制的模具经高温烧烫而形成图案，或者是将图案印刷在皮牌上。皮牌一般用在牛仔系列服装上。

图3-40　织标

图3-41　皮牌

图 3-42　金属制商标

⑤金属制商标（Metallic Trade Mark）。金属制商标（图 3-42）是用薄金属板材按图案开出模具，经冷压形成。金属制商标也常用于牛仔系列服装。

2. 标志的分类

（1）品质标志（Quality Label）。品质标志表示服装面料所用纤维的种类和比例。如 T/C 65/35 表示含涤纶纤维 65%、棉纤维 35%。

（2）使用标志（Using Label）。使用标志（又称洗涤标志），是指导消费者根据服装原料，采用正确的洗涤、熨烫、干燥、保管方法的表示。

（3）规格标志（Size Label）。规格标志表示服装规格，一般用号型表示。根据服装不同，规格标志表示的内容也不同。衬衣用领围表示，裤子用裤长和腰围表示，大衣用身长表示等。

（4）原产地标志（Place Of Origin Label）。其用来标明服装产地，位置通常在标志底部，便于识别服装来源。出口服装必须注明产地。

（5）合格证标志（Certificate Label）。合格证标志是企业对上市服装检验合格后，由检验人员加盖合格章，表明服装经检验合格的表示。其通常印在吊牌上。

（6）条形码标志（Bar Code Label）。条形码标志（图 3-43）是利用条码数字表示商品的产地、名称、价格、款式、颜色、生产日期及其他信息，并能用读码扫描设备将其内容读出来。服装采用的条形码大多印制在吊牌或不干胶标志上。

图 3-43　条形码标志

（7）环保标志（Environmental Label）。环保标志表示两层意思。第一层意思是原料虽然经过特殊处理，但原料中有害物质的含量低于对人体造成危害的标准；第二层意思是原料是用天然材料制成的，不含对人体有害的物质。

3. 商标与标志的规格

根据使用的材料不同，服装的商标尺寸也有所变化，并无统一规定。而标志的规格则要按照所使用的标志标准来执行。

任务 3-3　包装辅料的类别与作用

✲ 关键词

吊牌、纸箱、胶袋、洗标。

❋ 任务描述

1. 目的：了解包装辅料的种类与作用，学会包装辅料的选择与应用。

2. 要求：学生 4 人一组，在课前要求每组学生收集平时购买服装时的包装袋（各种材料）四个，吊牌四个，小纸箱一个。

3. 地点：一体化教室。

4. 备用材料：上课前需准备纸箱、包装袋、吊牌商标各若干。

5. 教学建议：老师以"教、学、做"一体化的方式来教学。可以以课前所备材料结合师生身上所穿着服装，按分组研究→讨论分析→实样对照→认知实践的步骤进行教学。

服装在出厂时都会对其进行一系列的包装，以方便其运输与销售。服装的包装材料主要有服装吊牌、胶袋与包装运输的纸箱。

一、吊牌

吊牌是指各种服装上吊挂的牌子。吊牌上印刷着包含服装品牌、服装材质与洗涤注意事项等信息。

服装吊牌大多为纸质，也有塑料和金属的。另外，近年还出现了用全息防伪材料制成的新型吊牌。它的造型有长条形的、对折形的、圆形的、三角形的、插袋式的以及其他特殊造型的。

吊牌的尺寸没有统一的标准格式，是根据其图案、字体来设计的，常规尺寸有9cm×5.4cm，也有4cm×9cm、4cm×4cm、9cm×9cm等。吊牌使用的纸张也可有多种规格。例如：

主牌 4cm×10cm 方形，圆角，300g 铜版纸，双面覆膜；

副牌 4.4cm×10.8cm 方形，直角，300g 铜版纸，双面覆膜。

以上数据给出了吊牌的大小尺寸、边角处理方式、所用纸张的种类与重量、表面整理等信息。

二、包装袋

服装包装的袋子（图 3-44）有塑料袋、布袋、纸袋，其中塑料袋使用的材料有聚乙烯（PE）、

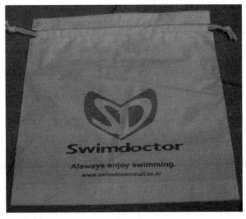

图 3-44　包装袋

聚氯乙烯（PVC）、聚丙烯（PP）、双向拉伸聚丙烯薄膜（BOPP）、低密度聚乙烯（LDPE）、高密度聚乙烯（HDPE）等。塑料袋的透明度要高，所印字迹图案要清晰，袋子大小要与所装服装相适应。

布袋所用材料大多为非织造布（无纺布），具有防尘的效果，价廉物美，环保实用，应用广泛；纸袋所用纸张有牛皮纸、铜版纸。

包装袋的规格包括袋子的大小、厚度和形状。

二、纸箱

服装运输纸箱多用瓦楞纸箱（图3-45），即用瓦楞纸板经过模切、压痕、钉箱或粘箱制成的纸箱，是一种应用最广的包装制品。

图3-45 瓦楞纸箱

图3-46 双瓦楞纸箱

1. 纸箱的种类

包装用的纸箱可根据使用的瓦楞纸层数不同分为三层、五层和七层三种。

（1）三层瓦楞纸箱。三层瓦楞纸箱又称单瓦楞纸箱，其纸板结构是由一张瓦楞原纸两面各粘一张面纸组合而成，主要用于包装重量较轻的内包装物。常用楞型有A型、B型、C型、E型。

（2）五层瓦楞纸箱。五层瓦楞纸箱又称双瓦楞纸箱，如图3-46所示。五层瓦楞纸箱的纸板结构由面纸、里纸、芯纸和两张瓦楞原纸黏合而成，楞型的组合通常采用AB型、AC型、BC型或BE型等，主要用于单件包装重量较轻且易破碎的内装物的包装。

（3）七层瓦楞纸箱。七层瓦楞纸箱又称三瓦纸箱，主要用于重型商品的包装。其瓦楞纸箱的纸板由面纸、瓦楞原纸、芯纸、瓦楞原纸、芯纸、瓦楞原纸和里纸黏合而成。瓦楞的楞型组合通常采用BAC型。

2. 纸箱瓦楞纸的楞型规格

纸箱瓦楞纸的楞型规格如表3-10所示。

表3-10 瓦楞纸的楞型规格

瓦楞种类	瓦楞高度（mm）	30cm的标准楞数
A型	4.5~5.0	34±2
B型	2.5~3.0	50±2

瓦楞种类	瓦楞高度（mm）	30 cm的标准楞数
C 型	3.5~4.0	40±2
E 型	1.1~2.0	93±5

（1）A楞。弹性好，高度和间距大，减震性好，适合易碎及对冲击和碰撞要求高的产品。

（2）B楞。适合制作具有刚性并不要求有减震防护性能的产品包装。

（3）C楞。综合了AB两种楞型的特点，具有足够的刚性和减震性能。

（4）E楞。可以使纸箱表面平整、刚性更好，适合高质量的印刷，而且节省运输和仓储空间。

3. 纸箱的规格

瓦楞纸箱的规格有长、宽、高三个指标，在订制时要予以说明。在纸箱外侧要印刷唛头（运输标志）。唛头一般分为主唛与侧唛两种。主唛上标有客户代号或名称、目的港、货号、颜色、规格、箱号、数量、产地等，侧唛上标颜色、规格与数量等，如图3-47所示。

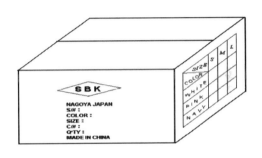

图 3-47　纸箱唛头示例

【延伸阅读】非织造布

非织造布又称非织布、非织造织物、无纺织布、无纺织物或无纺布。非织造技术是纺织工业中最年轻而最有前途的一种技术。

非织造布在服装中的应用有以下几方面。

1. 非织造布衬里和黏合衬

这是非织造布在服装领域中应用最多的一种用途，包括一般衬里和黏合衬。其用途主要包括衬里（多采用黏合衬）、缝纫合理化辅料（一些冲压片，用作袋盖等）、加工辅料（用以简化缝纫加工的衬料）。

这种非织造布可采用多种方法制造，如热轧、水刺、浸渍等方法。与传统的纺织品相比，非织造布具有定量轻，易剪裁，布边整齐、光洁，高回弹性，良好的适形性，生产标准化等优点。

2. 外衣

非织造布由于不具有良好的成型形，限制了其作为外衣的应用，但近年来其有了突飞猛进的进步，大大扩大了其在衣着领域的应用。外衣用非织造布除合成革外，最主要的应用是缝编法生产的秋冬季服装面料。缝编法非织造布的外观与传统的纺织产品非常相似，因此可以用来加工各式外衣，如西服、夹克衫、风衣等。另外，水刺法非织造布同样具有良好的手感及织物样的外观，经过印花、染色及其他方式后整理的水刺布已经开始应用到休闲装、童装上。薄型的热轧及热熔黏合非织造布，经过一系列后整理也同样可以应用到外套及其他类型服装上。

3. 非织造保暖絮片

这类非织造布已广泛用于服装行业,代替羽绒、羊毛胎、棉絮等生产滑雪衫、防寒大衣等,具有轻而暖的优点。用于保暖的非织造材料主要有两大类,一类是用于被褥等床上用品的喷胶棉、仿丝棉、仿羽绒棉及热熔棉,它们也可以用于防寒服,具有定量轻、蓬松度高,静止空气含量大、保暖性好,不霉不蛀、不受潮,可以整体洗涤,加工工艺简单,价格便宜等特点;另一类是用于保暖性服装的太空棉、丙纶熔喷保健棉、舒适性覆膜针刺毡等,具有定量重,厚度薄,蓬松度适中,弹性好,抗拉伸能力强,保型性好等特点,并有较好的保暖性、舒适性。其可以采用热风法、粘合法、针刺法、缝编法等方法生产。

4. 内衣

非织造布用于内衣主要是一次性内裤,所用原料多为粘胶纤维,生产方法以水刺、纺粘法为主,再经染色、印花后加工成内裤。

5. 服装标签

非织造布类服装标签多由聚乙烯、聚酰胺经纺丝成网,再经热轧黏合而成。目前国外用得较多的是用线型聚乙烯为原料,通过闪蒸法生产的非织造布来加工服装标签。这种非织造布具有超高强度,质地细密,表面光滑,切边后不会出现散边、毛边等特点。

6. 人造革基布

由于非织造布的良好的透气性,各向同性,特别是采用超细复合纤维的人造麂皮,广泛用于服装面料。它具有良好的悬垂性、稳定性、透湿性、耐磨性、耐光色牢度等特点。

【岗位对接】

1. YKK 拉链的型号

YKK 拉链型号非常多,每一款 YKK 拉链都有相对应的型号。 YKK 拉链最常见的有金属拉链、尼龙拉链和树脂拉链三种。其中尼龙拉链、树脂拉链的型号非常简单,尼龙是 PF (POLYESTER COIL),所以尼龙的型号中有 F 字母,如 3 号尼龙密尾拉链型号为 CFC-36,5 号尼龙开尾拉链型号为 CNFOR-56;树脂是 VS (VS-TYPE PLASTIC),其型号中都含有 VS,如 3 号树脂双开拉链型号为 VSMR-3#,8 号树脂开尾拉链型号为 VSOL-86。

金属拉链型号比较多,根据牙齿的电镀效果可以分为锑牙(铝合金 A)、白铜(N)、金铜(O)、青古铜(GKB)、灰沥牙(GTH)、黑古铜(GK)、红古铜(GTX)、枪色(GVK)。然后根据大小在各种拉链的型号前加 M 或者 R,3 号、7 号、8 号、10 号前加 M,5 号前加 R。如 3 号白铜密尾型号为 MNC-36。5 号金铜开尾型号为 RGOR-56。比较特殊的是 8 号,其型号是在中间再加一个 M,如 8 号青古铜密尾拉链型号为 MGMKBC-86。

在 YKK 拉链型号中,最后一个字母或两个字母,C 代表 CLOSE 密尾,如裤子门襟的拉链;OR/OL 是 OPEN RIGHT/OPEN LEFT 开尾右插 / 左插,如衣服门襟拉链。

拉链的规格大小是由拉齿的宽度而定的。例如,尼龙 3 号拉链,宽度为 3.6mm,尼龙 5 号拉链,宽度为 5.6mm,尼龙 8 号拉链,宽度为 8.6mm,尼龙 10 号拉链,宽度为 10.6mm,故称为尼龙 N36、N56、N86、N106 拉链。

2. 拉链应用中的常见问题

（1）拉链头卡住布料，使拉链板折断或拉链不能闭合。用一只手把卡住的布往两边掰开并拨往后面，用另一只手扯住链头往前拉，不要用力过猛，防止拉板折断，再使拉链回到原来状态。在缝制时，要确保拉链布带的空间量，这样拉链头可平滑地使用。

（2）缝制时车针不小心车到拉链上端或下端的金属卡，因突出部位又容易挂住布料或易伤手。在缝制过程中，注意不要让针撞到金属部位，这样既容易造成断针，又容易影响拉链外观。

（3）洗水加工的成品因选用全自动式拉头而容易发生掉色或损坏衣服。拉链可能在未完全关闭的情况下进行洗水，拉链头会被勾住而损坏，所以洗水前一定要把拉链完全关闭，然后再用一点小方布包住拉链头，用手缝制固定好，方可洗水。这样既可以防止因洗水过程中的摩擦而掉色，又可避免拉链勾头损坏衣服其他部位。

（4）洗水加工后，拉链呈波浪状。其最大的原因是面料缩水，可先进行面料缩水的测试，然后缝制上拉链时容一点面料。另外，也需要再测试一下拉链布带是否缩水。

（5）成衣后侧隐形链拉合困难。隐形链缝制时不同于其他链种，需把链骨往外翻过来，用单边压脚才能缝制。要注意的是，不能过于逼紧，或车线于链齿上，这样就会出现拉合困难，甚至拉不动等情况。

【课后练习】

1. 下列肯定是材类填料的是　　　　　　　　　　　　　　　　　　　　　　（　　）

    A. 羽绒　　　　　　　B. 棉花　　　　　　　C. 中空棉　　　　　　D. 太空棉

2. 下列说法中正确的是　　　　　　　　　　　　　　　　　　　　　　　　（　　）

    A 在选择缝纫线时，缝纫线的强度越高越好。

    B 锦纶缝纫线强度高，较耐磨，适用于高速缝纫的工业缝纫机。

    C 在选择缝纫线时，缝纫线的缩水率越小越好。

    D 真丝线价格较高，常用来缝制真丝服装等高档服装。

3. 下列常作为服装里料的品种有　　　　　　　　　　　　　　　　　　　　（　　）

    A. 美丽绸　　　　　　B. 棉卡其　　　　　　C. 毛哔叽　　　　　　D. 夏布

4. 下列关于对里料的描述错误的是　　　　　　　　　　　　　　　　　　　（　　）

    A. 服装里料必须具有良好的物理性能，并与服装面料的性能相配伍。

    B. 服装面料必须与里料的颜色相同。

    C. 服装里料的质料要与面料相匹配。

    D. 服装里料在考虑光滑性的同时，也必须考虑缝制的可行性。

5. 下列里料中比较适合于儿童服装的是　　　　　　　　　　　　　　　　　（　　）

    A. 棉布里料　　　　　B. 真丝里料　　　　　C. 锦纶里料　　　　　D. 涤纶里料

6. 服装辅料是指在服装中除了面料以外的所有其他材料的总称。它对服装起＿＿＿＿＿＿和＿＿＿＿＿＿的作用。在服装中,辅料与＿＿＿＿＿＿一起构成服装,并共同实现服装的功能。

7. 服装的衬料是服装的_____，对服装起造型_____、_____和加固作用。

8. 化学衬又叫_____，它可分为_____和_____两大类。

9. 服装里料按加工工艺可分为_____、_____、_____和_____几种。

10. 絮类填料的主要品种有棉絮_____、_____、_____等。

11. 服装填料有哪些品种？分别有何特点？

12. 拉链的号数越大，拉链牙齿越_____，扣紧力越_____。

13. 服装辅料的定义是什么？都有哪些类型的服装辅料？

14. 服装衬料的概念及作用是什么？它在服装中起什么作用？

15. 指出下列衬布产品标记的代号意义，并进行命名：C100–150、NR337–110。

16. 服装的衬料主要有哪几种？写出它们的特点、作用和适用部位。

17. 请写出男西裤用衬部位及效果。

18. 服装紧扣材料有哪些？

19. 服装肩垫有哪些？它们应用在哪些服装上？

20. 商标和标志有何区别？

21. 拉链型号中的数字表示什么意思？

22. 缝纫线按原料分有哪些品种？各有什么特点？

☞ **课外思考**

在使用服装辅料时，如何进行面料与辅料的搭配？

项目四　衬衫面辅料的选用

✻ **项目导入**

　　××衬衫公司有一批男衬衫订单（仿样加工）需要采购面辅料，请制订用料清单，并标明面辅料使用的工艺要点。

✻ **项目目标**

　　1. 能够根据男衬衫订单要求，运用织物风格特性，在市场挑选能体现衬衫款式效果的面辅料。

　　2. 掌握常用男衬衫面辅料（30+16）及特性要求。

　　3. 知道衬衫原料、规格对价格的影响。

　　4. 了解面辅料性能对男衬衫加工、使用的影响。

任务 4-1　衬衫面辅料挑选

✻ **关键词**

　　衬衫、黏合衬、树脂衬、纽扣、商标。

✻ **任务描述**

　　1. 目的：能够根据男衬衫订单要求，运用织物风格特性，在市场挑选能体现衬衫款式效果的面辅料。

　　2. 要求：学生4人一组，研究衬衫样衣都用了哪些材料，记录下来；对照样衣照片，讨论不同类型的衬衫在用料上会有什么不同；选择一款样衣，从面料小样中挑选合适的面辅料。

　　3. 地点：一体化教室。

　　4. 备用材料：上课前需准备多种风格、材质的面料，各种衬料、纽扣等各若干。

　　5. 教学建议：老师模拟面料市场采购现场，以"做、讲、评、辩"的方式，按分组挑选→展示→各组相互评价→小组自辩→讨论分析→重新挑选→认知实践的步骤进行教学。

　　衬衫（Shirt）是一种有领有袖的、前开襟的而且袖口有扣的内上衣，常贴身穿，是穿在内外上衣之间，也可单独穿用的上衣。中国周代已有衬衫，称中衣，后称中单。宋代已用衬衫之名。公元前16世纪古埃及第18王朝已有衬衫，是无领、袖的束腰衣。14世纪诺曼底人

121

穿的衬衫有领和袖头。16世纪欧洲盛行在衬衫的领和前胸绣花，或在领口、袖口、胸前装饰花边。18世纪末，英国人穿硬高领衬衫。维多利亚女王时期，高领衬衫被淘汰，形成现代的立翻领西式衬衫。19世纪40年代，西式衬衫传入中国。衬衫最初多为男用，20世纪50年代开始渐被女子采用，现已成为常用服装之一。

一、衬衫用料

伴随着第二次产业的发展，白领阶层增加，绅士、商务人士的标准风格西服样式也确定下来。衬衫的材质也不再只是棉、麻、丝，逐渐开发了化学纤维与之混纺。衬衫的防缩、防皱等性能也随之得到发展，价格也降低，逐渐使这一服饰走入平常百姓的家中，成为大众化服饰。这类衬衫的特性是材料更易打理，甚至终身不用熨烫。使用高级纯棉布料和量身定制的高级衬衫也逐渐出现，这类衬衫更注重衬衫自身的面料及制作工艺，面料更加考究，工艺更加复杂，以满足那些追求品位及品质生活的人群。这样，衬衫发展到现代就逐渐形成了大众化、品质化的两极分化。

衬衫所使用的主要材料如图4-1所示。

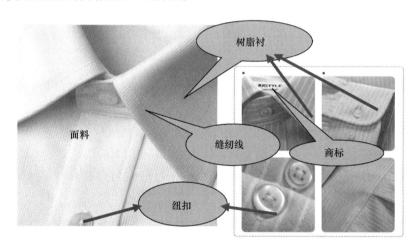

图4-1　衬衫的主要用料

二、衬衫的种类及对面辅料要求

衬衫的种类很多，一般按照穿着场合、领式、质地和纱线线密度分类。

1. 按穿着场合分类

按穿着场合，衬衫可分为正装衬衫、便装衬衫、家居衬衫和度假衬衫。正装衬衫用于礼服或西服正装的搭配；便装衬衫用于非正式场合的西服搭配穿着；家居衬衫用于非正式西服的搭配，如配搭毛衣和便装裤，居家和散步穿着；度假衬衫则专用于旅游度假。现在，也往往将衬衫简单分为商务衬衫和休闲衬衫。一般，正装衬衫和便装衬衫可作为商务衬衫，家居衬衫和度假衬衫属于休闲衬衫。

西装和衬衫起源于欧洲，衬衫所用扣子也是来自于法式衬衫的穿插式袖扣的启发。所以正装衬衫的款式基本都以法式衬衫为基础，具备美观的法式叠袖，只是根据搭配礼服或正装的不同，领子及前襟处可能采取不同于法式传统的款式。正装衬衫面料以纯棉、真丝等天然质地为主，讲究剪裁的合体贴身，领及袖口内均有衬布以保持挺括效果，强调修饰过的身体线条，如图 4-2 所示。用于礼服的衬衫一般只采用白色，日常正装衬衫则以白色或浅色居多，如图 4-3 所示。

图 4-2　搭配西装的衬衫

图 4-3　正装衬衫

便装衬衫用于搭配西装外套，面料使用没有定规，款式在传统基础上不变或略有设计变化，色彩花纹极为自由。便装衬衫搭配西装穿着时是否配用领带完全看自己的喜好和搭配效果决定。此外，作为一条特殊的规则，深色略带光泽的便装衬衫面料受到演艺工作者的喜爱，常被演员、设计师配搭西装用来做正式场合着装。这种深色衬衫如果剪裁考究，搭配西装既能保持绅士派头，又显得轻松帅气，逐渐成为一些讲究品位的年轻人的晚间便装方式，如图 4-4 所示。

家居衬衫是在家和散步时穿着的衬衫，所以款式以宽松的美式居多，花色上条纹、格子均可被广泛采用，如图 4-5 所示。虽然面料以纯棉纯麻纯毛讲求舒适的质地为主，但由于其家居用途并不过分讲究高级质感或特殊效果，

图 4-4　便装衬衫

一般配搭毛衣和便装裤。

度假衬衫（图4-6）以轻薄的纯麻、纯棉或真丝面料居多，款式完全没有束缚，剪裁更加自由，衣领和袖口不使用衬布。

图 4-5　家居衬衫　　　　　　　　　　　　　　图 4-6　度假衬衫

2. 按领式分类

西式衬衫的领讲究而多变。领式按翻领前的"八字"形区分，有小方领、中方领、短尖领、中尖领、长尖领和八字领等。其质量主要取决于领衬材质和加工工艺，以平挺不起皱、不卷角为佳。用作领衬的材料有各种规格的浆布衬、贴膜衬、黏合衬和插角片等，其中以用双层黏合衬的平挺复合领为上品，次为树脂衬加领角贴膜衬。由于衬衫领衬常用热熔黏合材料，因此在洗涤时忌用60℃以上温水浸泡。

3. 按质地分

衬衫按质地可分为精梳全棉衬衫、真丝衬衫、涤棉衬衫等，质量以轻、薄、软、爽、挺、透气性好较理想。

4. 按纱线特数（tex）分

衬衫面料除了原料的优劣外，纱线特数（tex）是决定面料档次的重要因素，纱线特数（tex）用来表示纱线的粗细程度，纱线特数（tex）越高纱线越细，工艺越复杂也就越贵。目前高档衬衫一般采用3.2~4.9tex（120~180英支）的面料，更高端的甚至开始使用1.9~2.9tex（200~300支）的面料。

【延伸阅读】衬衫的洗涤

衬衫最难清洗的部分是领子和袖子。市场上出现的众多衣领净、领洁净等都使衬衫变得容易洗涤。要注意的是，衬衫不能穿到一眼就被别人看出脏来再洗，一是影响形象，二是很难洗回原色。衬衫的领衬材料多数是麻布或树脂麻布，因此为了保持平直挺括不变形，不宜用力拧用力拧绞和揉搓。

衬衫的洗涤和保养方法如下。

（1）用手洗衬衫，实在要用洗衣机，一定要把它放入洗衣袋。

（2）超过 30s 是纯棉衬衫不可接受的脱水时间。

（3）洗衣时添加柔顺剂，可使下次穿着衬衫的触感更佳。

（4）纯棉衬衫更应该熨烫，不要折叠，直接挂进衣橱。

衬衫沾上污点时，可先用领洁净浸泡，千万不要用刷子蘸粉末洗衣粉用力刷，这样会破坏衣服的织纹。特别难洗的油渍污点可细心使用少量强力去污洗涤剂，目视油渍分解后马上用清水冲洗干净。使用干衣机时，温度不要调得过高，时间应少于 5min。

熨烫使用蒸汽喷雾电熨斗时，首先要把蒸汽压力提高到 0.2MPa 以上，然后根据衬衫面料纤维的种类，把熨斗上的刻度调节到所需要的熨烫温度。熨烫衬衫的原则是先熨小片，后熨大片。由于衣领在衬衫上的地位极其显著，因此衣领的熨烫非常重要。在熨烫衣领时要把正反两面一起拉平，从领尖向中间熨烫，然后翻过来对领背重烫，趁热再用手指把衣领握成弧形，把折后衣领的中间部位烫牢，领尖部位不烫。

【岗位对接】中国品牌衬衫示例

1. 雅戈尔 YOUNGOR（中国驰名商标，中国名牌，国家免检产品）。

2. 海螺（中国驰名商标，中国名牌，国家免检产品）。

3. 开开（中国驰名商标，中国名牌，国家免检产品）。

4. 步森（中国驰名商标，中国名牌，国家免检产品）。

5. 才子衬衫（中国驰名商标，中国名牌，国家免检产品）。

6. 绅士衬衫（中国名牌，国家免检产品）。

7. 罗蒙（中国驰名商标，中国名牌，国家免检产品）。

8. 虎豹 HUBAO（中国驰名商标，中国名牌，国家免检产品）。

9. 红豆（中国驰名商标，中国名牌，国家免检产品）。

10. 洛兹（中国名牌，国家免检产品）。

任务 4-2　衬衫的常用面料及选择

❖ 关键词

细布、牛津布、凡立丁、派力司、亚麻布、真丝面料。

❖ 任务描述

1. 目的：认识各种衬衫常用面料结构与特点，能根据衬衫种类进行面料的选择。

2．要求：学生 2~4 人一组，针对老师所发教学资料，学习各类面料的特点。每组同学选择一种衬衫,尝试选择两种可用的面料,写出选择的理由。并测试这两种面料的成分与规格,完成表 4–1。

表 4–1　面料成分与规格测试单

衬衫种类	面料实物粘贴	面料名称	选择该面料的理由	面料成分	面料规格

3．地点：一体化教室。

4．备用材料：上课前需准备棉织物、毛织物、丝织物、麻织物、化纤织物各若干。

5．教学建议：老师以"教、学、做"一体化的方式来教学。

衬衫有精梳全棉衬衫、真丝衬衫、涤棉衬衫等。其面料可以由棉、麻、丝、毛纱织造,也可由化学纤维纱织造,并可经过防缩、防皱等处理。

一、正装衬衫（商务衬衫）面料

1．府绸（Poplin）

府绸用纱细洁,结构紧密,属于经向紧密结构,经密高于纬密,比例约为 2 : 1 或 5 : 3。外观细密、布面光洁、质地轻薄、结构紧密、颗粒清晰、富有光泽、手感平挺滑爽,有丝绸感。由于经密较大,形成府绸表面特有的明显而均匀的菱形颗粒状,清晰丰满,是男女衬衣的主要面料,图 4–7 所示。由于经密较大,日久因纬纱的断裂,纵向易产生裂口,从而出现"破肚"现象。

由于原料、工艺、印染方式的不同,府绸可分为许多不同品种,还有经过特殊整理的防缩、防皱府绸,及经防水整理的永久性防雨府绸等。

图 4–7　府绸

2．细布

细布又称细平布,用 19~10tex（29~59 英支）经纬纱织制。其质地轻薄、布面匀整、手感平滑柔韧、外观细洁、光泽好,多用素色、格子、条子图案。

3．横贡缎（Sateen）

横贡缎是棉织物中的高档产品,通常采用优质细特纱线,多以五枚三飞纬面缎纹织制。横贡缎用纱细洁,织物紧密,表面光洁润滑,手感柔软,反光较强,有丝绸风格。其不耐磨,易起毛勾丝,洗涤时不可剧烈刷洗。

4．牛津布（Oxford）

牛津布以英国牛津大学命名，以前为该校学生校服面料的传统精梳棉织物。其主要采用二上二下纬重平组织织制（双经单纬），也有方平组织。其采用色经白纬，经纱颜色深，一般为靛蓝色；纬纱颜色浅，一般为浅色或本色。织物呈双色效应，色泽调和文静，风格独特，手感柔软，透气性好，穿着舒适，如图4-8所示。

5．青年纺（Yarn-Dyed Chambray）

青年纺是色经白纬或白经色纬的平纹织物，采用优质纯棉中特专纺纱为原料，色纱常使用靛蓝色。织物外观粗犷并带有乡土气息的风格，布面呈双色效应，外观类似牛仔布，随时代变化，趋向于轻薄柔韧。其布面细洁，光泽好，手感挺括，富有弹性，如图4-9所示。

图 4-8　牛津布　　　　　　　　　　图 4-9　青年纺

6．亚麻细布（Fine Linen）

亚麻细布一般泛指细特、中特亚麻纱织成的麻织物，是相对于厚重的亚麻帆布而言的。亚麻细布的紧度中等，一般以平纹组织为主，部分外衣用织物可用变化组织，装饰品用提花组织、巾类织物与装饰布大多用色织。亚麻细布布面呈粗细条痕状，并夹有粗节纱，形成了麻织物的特殊风格，吸湿散湿快，有柔和光泽、不易吸附尘埃，易洗易烫等特点。织物透凉爽滑，服用舒适，较苎麻布松软。

7．苎麻平布（Ramie Plain Cloth）

苎麻平布是以平纹组织织制的苎麻织物，吸湿散湿快，散热性好，挺爽透气，透凉爽滑，舒适不贴身，是理想的夏季衣料。强力高，其刚性大，但弹性差，易起皱，耐磨差。苎麻织物的表面常常有不规则粗节纱，形成苎麻织物独特的风格。

8．亚麻混纺织物（Blending-Spun Linen）

亚麻混纺布为用亚麻混纺纱织制的织物，有与天然纤维棉、毛、绢等混纺，也有与化学纤维混纺。混纺用的亚麻，要先经过练漂脱胶，制成与混纺纤维类似的纤维长度后，才能进行混纺。亚麻与涤纶混纺，成纱强度高，兼有麻的凉爽透气、不贴身等特点，又有涤纶的挺括、耐磨和坚牢等优点；与棉混纺，可大大改善纱线的条干均匀度和织物手感，使织物具有吸湿透湿、凉爽透气、服用舒适、不贴身等特点；与毛混纺，能增强毛织物透气性能，一般混入亚麻 20% 左右，精梳毛纺与粗梳毛纺中均有应用。

9. 凡立丁（Valitin）

凡立丁属于传统毛织物中的轻薄型面料，一般应用于夏季服装。原料以全毛为主，也有涤毛、纯化纤等品种。纱线采用精梳毛纱，经纬皆用股线，纱线较细，捻度偏高。凡立丁以平纹组织织制，呢面条干均匀、织纹清晰、光洁平整，手感柔软滑爽、轻薄挺括、活络而有弹性，透气好，色泽鲜明匀净，膘光足，多为素色，浅色为主，外观朴素大方，如图 4-10 所示。

10. 派力司（Palace）

派力司与凡立丁一样也属于传统轻薄毛纺面料，其外观呈夹花细条的混色效应。派力司表面光洁，质地轻薄，手感挺、爽、滑、活络、弹性好，光泽自然，以浅灰、中灰、浅米等为主要色泽，少量杂色。因其采用色纺工艺，色毛的选用、混条的方法，就形成了派力司独特的呢面风格特征，即表面呈纵横交错，隐约可见的混色雨丝状细条纹，如图 4-11 所示。

图 4-10　凡立丁

图 4-11　派力司

二、休闲衬衫面料

1. 平布（Plain Cloth）

织物的经纱与纬纱的粗细、经密与纬密相等或相近，具有组织简单、结构紧密、表面平整的特点。根据其使用纱线的粗细和风格的不同，可分为三大类。

（1）粗布。粗布又称粗平布，经纬纱皆用 18tex 及以上（32 英支及以下）的粗号纱织制。其表面较粗糙，有较多棉结，布身结实、手感厚实、坚牢耐穿。粗布可分为本色布和坯布两种。坯布也可直接用作手工扎蜡染。

（2）市布。市布又称中平布或称平布，用 19~28tex（31~21 英支）经纬纱织制，其特点介于粗布与细布之间，厚薄适中，坚牢耐用，布面匀整光洁。

印花细平布如图 4-12 所示。

图 4-12　印花细平布

2. 巴厘纱（Voile）

与府绸不同的是，巴厘纱的密度特别小，它是用细特强捻纱线织制的稀薄半透明的平纹织物，透明度高，所以又称"玻璃纱"。巴厘纱虽然很稀薄，但由于纱线采用加强捻的精梳细棉纱，所以挺爽透气，有身骨。使用时，要注意检验巴厘纱的纬斜情况，染整加工后的产品"布孔"要呈方形，经硬挺整理后，手感应挺爽。其产品有漂白、印花、杂色三种，可作女装衬衫。印花巴厘纱如图4-13所示。

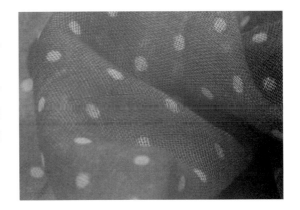

图4-13　印花巴厘纱

3. 麻纱（Hair Cords Or Dimity）

麻纱（图4-14）的原料并不是麻，也不是掺杂了麻纤维的棉织品，而是采用捻度较紧的细棉纱做经纬纱，采用平纹变化组织织制而成的薄型棉织物。变化方平组织又称仿麻组织，使布面呈宽窄不等细直凸条纹或各种条格外观，类似麻布外观；且织物质轻爽滑、平挺细洁、密度较小、透气舒适，具有麻布风格，所以称为"麻纱"。但由于其组织结构的原因，其纬向缩水率较经向大，应尽量予以改善，除落水预缩外，缝制衣服要注意留有余量。麻纱适合于制作夏季男女衬衫。近年市场上较常见的麻纱是以涤／棉、涤／麻、维／棉等混纺纱为原料织制而成。

图4-14　麻纱

4. 绒布（Flannelette）

绒布（图4-15）是由一般的纬纱捻度较低的平纹或斜纹坯布，经拉绒后表面呈绒毛状的棉织物。因其组织结构、印染方式、原材料种类、织物厚度等不同，绒布品种繁多，一般具有外观优美、手感柔软、舒适保暖、吸湿性强的特点，是男女休闲衬衫或童装衬衫等的理想材料。由于织物表面受到拉绒机的反复拉绒，其强力受损，因此洗涤时不要用力搓洗，以免损伤织物和绒毛丰满度。

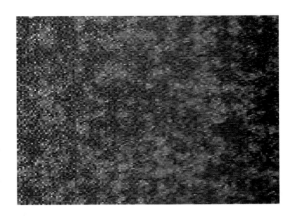

图4-15　绒布

5. 泡泡纱（Seersucker）

泡泡纱多为棉或涤棉混纺的中特纱或细特纱织制而成的平纹布，表面呈凹凸不平而均匀

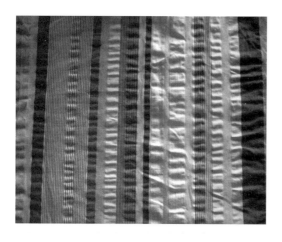

图 4-16　泡泡纱

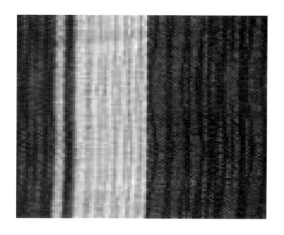

图 4-17　树皮绉

图 4-18　折皱布

密布的泡泡状，状似核桃壳。泡泡纱外观别致，立体感强，质地轻薄、透气好，凉爽不贴身，洗后免烫，如图 4-16 所示。但多数泡泡纱的泡泡不持久，保形性差，衣服越穿越大，所以裁剪时放松量不要太大。泡泡纱多用于妇女、儿童夏季服装，如衬衫、裙子、睡衣、睡裤等。

6. 树皮绉（Crepon）

树皮绉选用强捻纬纱与普通捻度的经纱交织，以特殊的绉组织织制，经染整松式加工后，纬向收缩成树皮状凹凸不平起绉效应，如图 4-17 所示。其立体感强，手感柔中有刚，富有弹性，尺寸稳定性好，美观大方，吸湿透气，穿着不贴身，具有仿麻效果。其所用原料有全棉、涤棉、涤粘等。纯棉树皮绉常用于夏季衣料；涤棉树皮绉用作春夏、夏秋之间的妇女儿童服装面料。

7. 折皱布（Wrinkle Fabric）

折皱布是在染整加工过程中，经折皱整理加工成表面具有形状各异、又无规律的皱纹的织物，如图 4-18 所示。折皱布的皱纹与由强捻纬纱织成的绉纱、由绉组织形成的树皮绉、由碱缩法形成的泡泡纱和由轧纹形成的轧纹布风格完全不同。折皱布是一种很随意且仿旧的风格，符合消费者追求个性化和流行性的要求，顺应了人们穿着习惯趋向于回归大自然的意愿，所以颇受消费者的喜爱。

8. 牛仔布（Yarn-Dyed Denim）

牛仔布是色织斜纹棉布，色经白纬，经纱颜色深，一般为靛蓝色，纬纱颜色浅，一般为浅灰或煮练后的本白纱。其一般采用三上一下左斜纹织制，也有采用变化斜纹、平纹或绉组织等。其质地紧密，坚牢耐穿，厚实硬挺，深浅分明，正面色深，反面色浅。现在牛仔布品种向着原料、花色多样化的方向发展，如氨纶弹力牛仔布、色织印花牛仔布、白地蓝花大提花牛仔布、嵌金银丝的金银丝牛仔布等。薄型的牛仔布可用来生产休闲衬衫。

9. 烂花布（Etched-Out Fabric）

烂花布使用耐酸的合成长丝（或短纤维）与不耐酸的棉（或粘胶纤维）的包芯纱（或混纺纱）织成平布，经烂花工艺处理，使织物表面呈现透明与不透明两部分，互相衬托出各种花型的织物。常见烂花布的经纬用包芯纱（涤纶长丝与棉混纺）或涤纶短纤维与棉混纺纱织制。织坯按设计花型经烂花工艺处理，一部分纤维素纤维经酸处理被腐蚀，另一部分不经酸处理被保留于布面，烂去纤维素纤维的部分只留下涤纶纤维，质地细薄，类似筛网，透明如蝉翼，花纹凹凸，轮廓清晰，富有立体感，手感挺爽，回弹性好，并有易洗、快干、免烫等特点。

10. 绵绸（Noilcloth）

绵绸是采用䌷丝为原料生产的丝绸织物。䌷丝是用缫丝后的蛹衬、茧衣或纺制绢丝的落丝等下脚料，经过纺纱而成的短纤维纱，纤维缝隙中夹杂有未脱净的蚕蛹碎屑，外观呈现出粗糙的黑点和糙结，手感比较粗硬。绵绸质地坚牢，富有弹性，但手感柔糯丰厚，外观粗糙不平整，缺乏光泽，散布粗细不匀的疙瘩，具有粗犷及自然美。因织品布满斑点疙瘩，故有疙瘩绸之称。

11. 罗织物（Leno Silk）

罗织物是全部或部分应用罗组织的织品，合股丝做经纬，其经丝每隔一根或三根以上的奇数纬丝扭绞一次。织物表面呈现等距有规则的纱孔，罗纹均匀，纱孔清晰，整齐洁净不起毛。杭罗（图4-19）是以真丝作原料、平纹地的纱罗组织织物，绸面排列着等距的丝纱孔眼，有横向和纵向两种罗，但多数为横罗。杭罗光洁平挺，匀净细致，紧密结实，挺括滑爽，柔软舒适，透气性好。杭罗服用性能好，耐洗耐穿，是夏令衣着佳品。

12. 缎织物（Satin Silks）

缎织物是以缎纹组织织成的平滑光亮的织品，是织物地纹全部或大部采用缎纹组织的花素织物。表面平滑光亮，质地紧密，手感柔软，富有弹性，如花软缎、人丝缎。缺点是不耐磨，不耐洗。软缎、绉缎可以制作衬衫。素绉缎如图4-20所示。

图4-19　杭罗

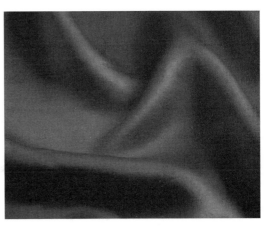

图4-20　素绉缎

13. 绉织物（Crepes）

绉织物是传统的织物品种，有悠久的历史。绉织物质地轻薄、密度稀疏、光泽柔和、手感糯爽而富有弹性，抗折皱性能好，服用透气舒适，不易紧贴皮肤，缺点是缩水率较大。中薄型的双绉（图4-21）、碧绉（图4-22）适作衬衫。

图4-21　双绉

图4-22　碧绉

14. 纺类织物（Plain Habutai）

纺类织物是应用平纹组织织造，布面较平挺，质地轻薄而又坚韧的花、素丝织物，又称纺绸。其是丝织物中组织最简单的一类。采用生织或半色织工艺，经纬一般不加捻或弱捻。有平素生织的，如电力纺、尼丝纺、涤丝纺和富春纺等；也有色织和提花的，如彩条纺和花富纺等。

纺类织物的原料常用桑蚕丝、粘胶丝、锦纶丝、涤纶丝等，其中，采用桑蚕丝、桑绢丝、双宫丝为原料的称为真丝纺，如电力纺（图4-23）、洋纺、杭纺、绢纺（图4-24）等。粘胶丝为原料的产品，质地比真丝纺厚实，吸湿性、染色性较好，布面平滑细洁、色泽鲜艳，穿着爽滑舒适，但比真丝纺强力低，耐磨差，易起毛，多做睡衣、棉袄面料、戏装等。以合成纤维制成的合纤纺，具有挺括平整、免烫快干、强力大、耐磨好等特点，但穿着闷热不透气，一般只作衬衫、裙子及中低档服装的里料。

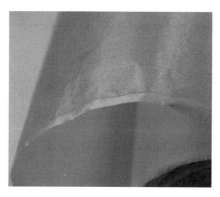

图4-23　电力纺织物

图4-24　绢纺

【课后练习】

　　1.男士高级衬衫的领子特别硬挺,是因为使用了　　　　　　　　　　　　　　　　(　)

　　　A.树脂衬　　　　　　　B.非织造衬　　　　　C.黑炭衬　　　　　　D.领底呢

　　2.下列面料常用来做冬季衬衫的是　　　　　　　　　　　　　　　　　　　　　　(　)

　　　A.府绸　　　　　　　　B.美丽绸　　　　　　C.派力司　　　　　　D.杭纺

☞ 课外思考

　　某公司要为公司销售员工订制一套衬衫,要求能符合员工的穿着特点。若让你来争取这一订单,请你从面料的原料、色彩、外观及服用性能出发,制订你的面辅料选择方案。

项目五　裙装的面辅料选用

❀ 项目导入

在姹紫嫣红的春天，穿什么样的衣服最让人心动呢，修身的套装还是浪漫的长裙？在炎热的夏天，美裙当道，无论是飘逸灵动的长裙、平整有型的短裙，还是复古怀旧的牛仔裙，抑或是轻松舒适的休闲裙，无论哪一种，都能将个性展现出来。由此可见，裙装有多种款式和种类，而每种裙装该如何选择面料才能达到其应有的效果呢？

❀ 项目目标

1. 会分析裙装的外观要求，熟悉不同类型的裙装对面辅料的外观与使用要求。
2. 会鉴别各类材料的外观风格和手感。
3. 认识各种裙装面辅料的结构与特点，能根据裙装的种类进行面辅料的选择。
4. 掌握鉴别各类纤维的技能，识别所购面辅料的印染方式。

任务 5-1　裙装的面辅料挑选

❀ 关键词

短裙、长裙、外观特征。

❀ 任务描述

1. 目的：认识裙装，了解裙装的常见类别以及每一类裙装的基本外观特征。分析这些外观特征对面料的要求，为选择面辅料提供选择依据。

2. 要求：学生 4 人一组，收集自己身边同学的裙装的实物或照片，并查找相关材料，分析各类裙装的用途与穿着季节，其外观（色彩、光泽、平整度、软硬度、厚薄和垂感）有何特征，并填写在表 5-1 中。

3. 地点：一体化教室。

4. 备用材料：上课前需准备棉织物、毛织物、丝织物、麻织物、化纤织物、裙装与礼服照片各若干。

5. 教学建议：老师以"教、学、做"一体化的方式来教学。可以使用课前所备材料结合师生身上所穿着服装与所发的材料，按分组研究→讨论分析→实样对照→认知实践的步骤进行教学。

表 5-1　裙装与礼服的外观特征认识

裙装类型或名称	该类裙装外观要求的共性特征					
	色彩	光泽	平整度	软硬度	厚薄	垂感

一、裙装的种类

裙装是人类历史上出现最早的服装。广义的裙子包括连衣裙、衬裙和腰裙。裙装一般由裙腰和裙体两部分构成，有的裙装只有裙体而无裙腰。裙装的通风散热性能好，穿着方便，行动自如，样式变化多端，经过历史的演变已发展出近百种款式，适合各个年龄阶层的人群穿着。裙装的种类繁多，每种裙装的长短与形状都有可能不同，其外观形态也有差异。

按裙装的长度，可分为超短裙、短裙、及（过）膝裙、中长裙和长裙等。其中超短裙长度到臀沟处，短裙长度到大腿中部，及（过）膝裙的长度到膝关节上（下）端，中长裙长度到小腿中部，长裙的长度到脚踝骨。

按裙子外形，可分为直身裙、A 形裙、波浪裙、缠绕裙和褶裥裙等。

二、每种裙装的外观与形态特征

1. 短裙

超短裙、短裙及（过）膝裙一般统称为短裙，有紧身型、喇叭形和褶裥形三种。紧身型的短裙为了勾勒出身体的曲线，要求面料平整有弹性，为了防止显露内衣，其面料不宜太薄。喇叭形的短裙造型柔美，要求面料柔软，垂感强。褶裥形的面料可比喇叭形的面料略硬。短裙如图 5-1 所示。

2. 中长裙

图 5-2（a）所示的中长裙一般在秋冬季穿着，要求面料比较厚实，保暖性强。图 5-2（b）所示的中长裙则在春夏季穿着。

3. 长裙

长裙形态飘逸，轻快舒畅，要求面料轻盈，色彩鲜艳，垂感自然，并且凉爽透气，如图 5-3

图 5-1　短裙（超短裙、短裙、及膝裙）

(a) 秋冬季　　　　　　　　　　(b) 春夏季

图 5-2　中长裙　　　　　　　　　　　　　　　　　　图 5-3　长裙

所示。有的长裙高贵华丽，要求面料平滑光洁，色泽鲜艳，悬垂性能优良。

4. 直身裙

直身裙是裙装中最基本的裙式，贴体性较强，它的腰、臀部形态服贴。直身裙又包括直筒裙、西装裙、夹克裙、旗袍裙、围裹裙等。长度较短、外观简洁、利索的直筒裙（图 5-4）

可选用较为硬挺、结实的面料；长度较长、富有动感和变化的直筒裙，可选用有一定弹性，即刚中带柔的面料；在正规场合穿着，要求稳重大方的西装裙，要选用造型能力强的毛料。夹克裙（图 5-5）可选用牛仔布、帆布类较为粗犷的面料。旗袍（图 5-6）则面料平整软硬适中，一般对花型与光泽要求较高。围裹裙的裙体较为贴体，对面料的要求一般较为滑软。

图 5-4　直筒裙　　　　　图 5-5　夹克裙（牛仔裙）　　　　图 5-6　旗袍

5. A 形裙（A-Lined Skirt）

A 形裙（图 5-7）下摆放开，裙摆在直身与波浪裙之间，比较贴体，裙形似 A 字或郁金香的外观造型。裙褶细小均匀的 A 形裙可选择柔软、悬垂性好的材料，裙褶较粗且间隔远的 A 形裙则选择稍硬挺的材料。斜裙（图 5-8）是 A 形裙的一种，一般选择柔软的、悬垂性较好、有一定身骨的材料。

图 5-7　A 形裙　　　　　　　图 5-8　斜裙

6. 波浪裙

波浪裙的臀围线处放松量大，结构简单，有喇叭裙（图 5-9）与圆裙（图 5-10）两种。喇叭裙从腰部到下摆像盛开的喇叭花，有自然的波浪。圆裙有全圆式和半圆两种，具有很好的流动美。喇叭裙的裙装面料柔软，厚薄适中，悬垂感强。圆裙的裙装轮廓外张，可选用面料硬度较高的面料。两款裙装面料的色彩与光泽要求都较高。

图 5-9　喇叭裙

图 5-10　圆裙

图 5-11　各种缠绕裙

7. 缠绕裙

缠绕裙是用布料缠绕躯干和腿部，用立体裁剪法裁制的裙装，一般用作晚礼服，如图 5-11 所示。缠绕裙大多高贵华丽，形态妖娆，除了要求面料平滑光洁，色泽鲜艳，悬垂性能优良外，面料的柔软程度要高，易于弯曲变形，才能形成服帖的造型。

8. 褶裥裙（Pleated　Skirt）

褶裥裙一般腰口小、裙围宽散，在裙子的腰口作不规则的皱裥收拢；或在裙装的腰口串上松紧带，使其形成自然的皱裥收拢如图 5-12 所示。有流动感的自由抽褶式裙装，可选择薄而柔软的面料，易于体现流动性能；有立体感的褶裥裙则选择蓬松的面料；活泼、自由、潇洒的褶裥裙则选择稍硬且轻薄的面料；折叠裙（也叫百褶裙），为保持折叠的形态平整，适合选择容易造型的呢料或各种涤纶面料。

图 5-12 各种褶裥裙

任务 5-2 裙装的常用面料及选择

✿ 关键词

牛仔布、精纺毛织物、女衣呢、花呢、染色、印花、提花、烂花、绣花、剪花。

✿ 任务描述

1. 目的：认识各种裙装面料的结构与特点，能根据裙装的种类进行面料的选择。

2. 要求：学生 2~4 人一组，针对老师所发教学资料，学习各类面料的特点。每组同学选择一种裙装，尝试选择两种可用的面料，写出选择的理由。并测试这两种面料的成分与规格，完成表 5-2。

3. 地点：一体化教室。

4. 备用材料：上课前需准备棉织物、丝织物、麻织物、化纤织物各若干块。

表 5-2 面料成分与规格测试单

裙装种类	面料实物粘贴	面料名称	选择该面料的理由	面料成分	面料规格

5. 教学建议：老师以"教、学、做"一体化的方式来教学。

一、直身裙的常用面料及选择

1. 直筒裙的常用面料及选择

直筒裙的形状较简单，线条流畅，所选面料大多结构紧密、平整挺括。秋冬季穿着的直筒裙多用毛织物为面料，春夏季的面料则选择平整紧密的棉织物和麻织物，如素色或印花的中平布、棉直贡、华达呢、苎麻织物、亚麻织物、棉麻混纺织物等。原料上除了纯天然纤维外，还可使用用化纤织物或混纺织物。不同季节的直筒裙所采用的面料除了传统的面料外，还引入了潮流的元素，拼接、透视、蕾丝等潮流元素让直筒裙呈现出多变风貌，如图 5-13 所示。

图 5-13　风貌多变的直筒裙

2. 夹克裙的常用面料及选择

夹克裙形态较硬朗，一般选用平整厚实的面料，常见的有棉织物中的牛仔布、粗平布、帆布，对造型要求高的也可使用毛织物中的马裤呢与巧克丁。

（1）牛仔布（Yarn-Dyed Denim）。牛仔布为较粗厚的色织斜纹棉布，色经白纬，经纱颜色深，一般为靛蓝色，纬纱颜色浅，一般为浅灰或煮练后的本白纱，又称劳动布、坚固呢。一般采用三上一下左斜纹织制，也有采用变化斜纹、平纹或绉组织等。其质地紧密，坚牢耐穿，厚实硬挺，深浅分明，正面色深，反面色浅。现在牛仔布品种向着原料、花色多样化的方向发展，如氨纶弹力牛仔布、色织印花牛仔布、白地蓝花大提花牛仔布、嵌金银丝的金银丝牛仔布等。

（2）粗平布（Plain Cloth）。粗平布的经纬纱皆用 32tex 及以上（18 英支及以下）的粗特纱织制。其表面较粗糙，有较多棉结，布身结实、手感厚实、坚牢耐穿。

（3）帆布（Canvas）。帆布属于粗厚织物，其经纬纱均采用多股线，一般用平纹组织织制，也有用纬重平或斜纹及缎纹组织织制的，如图5-14所示。因其最初用于船帆，故称为"帆布"。帆布粗犷硬挺、紧密厚实、坚牢耐磨。根据其用纱粗细不同，可分为粗帆布和细帆布两种，后者经水洗、磨绒等处理后，手感柔软，穿着更舒适。

（4）马裤呢（Whipcord）。马裤呢是用精梳毛纱织制成的急斜纹厚型毛织物，如图5-15所示。因其坚牢耐磨，适于制作骑马时穿的裤子，故名"马裤呢"。马裤呢采用变化急斜纹组织，经纬密度较高，经密大约是纬密的两倍，属于经向紧密结构。呢面有较粗壮的斜向凸条纹，呈63°~76°急斜纹线条，正面右斜纹粗壮，

图5-14 帆布

反面左斜纹呈扁平纹路，织纹凹凸明，斜纹清晰饱满。马裤呢身骨厚重，一般重量在340~400g/m²以上，风格粗犷，呢面光洁，质地丰厚，结实坚牢，色泽以深色为主，多为草绿色。

（5）巧克丁（Tricotne）。巧克丁也是一种紧密的经密急斜纹毛织物，表面呈双根并列的急斜纹条子，斜纹角63°左右，如图5-16所示。它不如马裤呢厚重，一般重270~320g/m²。其比马裤呢细而平挺，每两根斜纹线一组，组内斜纹间距小，组间斜纹间距大，外观类似针织物中的罗纹。巧克丁的呢面紧密细洁，平整挺括，手感丰厚，有弹性，它光泽自然。它色泽素净，多为灰、蓝、米、咖等，也有混色、夹色的。最近几年，也有采用棉纤维作原料的巧克丁出现，使夹克裙穿着更加舒适。

图5-15 马裤呢

图5-16 巧克丁

3. 旗袍裙的常用面料及选择

旗袍裙是我国的传统服装，在面料的使用上，要求面料手感滑爽，外观细洁，色泽亮丽，质地可柔软亦可挺括，一般夏季可选用淡色调的印花丝织物或薄型棉织物，如棉印花布、印

花双绉、留香绉、碧绉、斜纹绸、乔其等，春秋季则可选用中深色的丝织物或棉织物，如印花横贡缎、织锦缎、古香缎、云锦、软缎等。

（1）棉印花布。用于旗袍的棉印花布有两类，一类是经工业化生产的印花平布，另一类是手工经靛蓝染色加工的棉粗布（蓝印花布）。印花布使用合成靛蓝染料和快靛染料进行染色，成品色泽的深、中、浅按习惯分别称为靛蓝、毛蓝、月白。印染图案以植物花卉和动物纹样为主，也有简洁的几何图形，如图5-17所示。其图案充满浓郁的乡土气息，具有自然，清新的风格。

（2）印花棉贡缎。印花棉贡缎是棉织物中的高档产品，通常采用优质细特纱线，以五枚经（纬）面缎纹织制。用纱细品，织物紧密，表面光洁润滑，手感柔软，反光较强，有丝绸风格，织物耐磨性较差，易起毛勾丝，洗涤时不可剧烈刷洗。其成品主要为印花织物。

（3）碧绉（Kabe Crepe）。碧绉（图5-18）属于生织绸，与双绉同属于平经绞纬的平纹组织。与双绉不同的是，碧绉纬纱采用两根捻向不同的丝相互抱合成线，形成一根螺旋形强捻丝线，从单方向织入，经练染后收缩成波曲状，而使绸面呈现均匀的螺旋状粗斜纹闪光绉纹。碧绉绉纹略粗，质地紧密细致，手感滑爽，富有弹性，光泽柔和，绸身比双绉略厚。碧绉可分为素色碧绉、格子碧绉和条子碧绉。

图5-17　蓝印花布

图5-18　碧绉

（4）留香绉（Liu-Xiang Jacquard Crepe）。留香绉（图5-19）又名轻重绉，是我国的传统织品，具有民族特色，深受少数民族和妇女的欢迎，用厂丝与有光化纤丝交织而成。留香绉以平纹组织形成绉底，经向缎纹提花，经丝由两组构成，地组织用两根生丝合并成的股线，提花用有光化纤丝；纬丝是由三根生丝捻合成的加捻股线。由于化纤丝本身具有较高的光泽，加之浮点较长，织品经染色后，花纹显得特别明亮和艳丽。织物地组织暗淡柔和，提花光亮明快，花纹大方雅致，质地柔软，色彩鲜艳夺目。花型以梅、兰、蔷薇为主。由于经纬是用两种不同原料组成，染色后可显双色。这种面料要注意的是提花浮线较长，容易起毛，不宜多洗。

（5）塔夫绸（Taffeta）。塔夫绸（图5-20）是高档的丝绸品种，属于熟织绸，经纬均采用高级的桑蚕丝经练漂、染色后织制而成。经丝采用两根复捻熟丝，纬丝采用三根并合单捻熟丝。

图 5-19 留香绉   图 5-20 塔夫绸

其以平纹组织为基础进行织造，成品经密 1066 根 /cm，纬密为 47 根 /cm，重量 70g/m²。绸面紧密细腻、绸身韧洁，光滑平挺，花纹光亮突出，不易沾染尘土；但易留下折痕，因此不宜折叠和重压。塔夫绸花色品种较多，有素色条格、闪色、提花等品种。素色塔夫绸是用单一颜色的染色熟丝织成；条格塔府绸是利用不同颜色的经丝和纬丝，按规律间隔排列而织成条格图案；闪色塔夫绸是利用经纬不同颜色，一股以深色丝作经，浅色或白色作纬，织成后便显示闪色效应；提花塔夫绸是在平纹地上提织八枚缎纹经花。

（6）斜纹绸（Silk Twill）。真丝斜纹绸经纬均采用厂丝，为生货绸，有漂白、素色、印花等品种。其表面有明显的斜纹，质地柔软轻薄，滑润凉爽，具有飘逸感。

（7）缎（Satin Silks）。缎是以缎纹组织织成的平滑光亮的织品。织物地纹的全部或大部采用缎纹组织的花素织物，表面平滑光亮，质地紧密，手感柔软，富有弹性，如软缎、绉缎、织锦缎、古香缎等。其缺点是不耐磨，不耐洗。缎是旗袍的主要面料。

①软缎（Satin）。其是我国丝织物的传统产品，为缎类的代表产品，多以蚕丝与粘胶丝交织，经纬纱为无捻丝或弱捻丝。根据花色不同，软缎有素软缎、花软缎（图 5-21）之分。素

图 5-21 花软缎

143

软缎素净无花，花软缎纹样多为月季、牡丹、菊花等自然花卉，色泽鲜艳，花纹轮廓清晰，花型活泼，光彩夺目，富丽堂皇。软缎手感柔软润滑，光亮鲜艳，平滑细致，背面呈细斜纹状，但易摩擦起毛。

②绉缎（Crepe Satin）。原料一般为桑蚕丝，也有真丝与化纤丝交织的绉缎、全化纤的仿真丝绉缎等。绉缎也有素绉缎与花绉缎两种。素绉缎一般采用五枚缎纹组织，经纱为无捻丝或弱捻丝，纬纱为一个捻向的强捻丝。织物表面一面为绉效应，另一面为光亮缎纹效应。花绉缎为绉地起光亮的缎花。织物手感柔软，抗皱性好。

③织锦缎（Satin Brocade）。它是我国传统的熟织提花丝织品，是丝织物中最精致的产品，素有"东方艺术品"之称。其生产工艺复杂。织锦缎多为经缎起三色以上纬花，花纹精巧细致，以花卉图案为多。其典型纹样以中国传统的民族纹样见多，如梅兰竹菊（图5-22）、龙凤呈祥（图5-23）、福寿如意等，也有采用变形花卉和波斯纹样，以清地纹样为宜。织锦缎地部细洁紧密，质地紧密厚实，坚韧平挺，纬花瑰丽多彩，纹样精细，光彩夺目，属于丝织品的高档产品之一。其缺点是不耐磨，不耐洗。织锦缎有真丝、粘胶丝、交织、金银丝织锦缎等多个品种，其名称可根据所用原料的不同而略有不同，如化纤丝织锦缎、真丝织锦缎、交织织锦缎。真丝织锦缎采用真丝为经纱并加捻，丝为纬纱。

图5-22　织锦缎（梅兰竹菊）

图5-23　织锦缎（龙凤呈祥）

④古香缎（Soochow Brocade）。古香缎（图5-24）是织锦缎派生品种，也是中国传统丝织物。古香缎系采用古色古香的四季花卉、花鸟虫鱼、亭台楼阁、小桥流水和山水风景等图案，或以人物故事为主题表现艺术效果的产品。它与织锦缎风格各异，竞秀争妍。古香缎富有弹性，挺而不硬，软而不疲。与织锦缎相比，古香缎的手感相对柔软。

（8）锦（Brocades）。锦是中国传统的高级多彩提花丝织物。其花纹色彩多于三色，最多甚至有三十四色，外观瑰丽多彩，富丽堂皇，精致古朴，厚实丰满。其采用的纹样多为龙、凤、仙鹤、梅、兰、竹、菊，及福、禄、寿、喜、吉祥如意等，如图5-25和图5-26所示。

图 5-24　古香缎

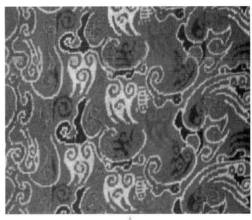

图 5-25　东汉"万事如意"锦　　　　　　　图 5-26　东汉"韩仁绣"锦

　　蜀锦、宋锦和云锦，并称中国传统三大名锦。宋锦虽以时代名，云锦虽以纹样名，但事实上都带有极明显的地方色彩，宋锦多产于苏州，云锦多产于南京，而蜀锦自然是产于四川了。

　　①蜀锦（Shu Brocade）。蜀锦产于四川，坚韧丰满，风格秀丽，配色典雅，富有民族地方特色，以经向彩条和彩条添花为特色，图案大多是团花、龟甲、格子、莲花、对禽、对兽、翔凤等。清代以后，蜀锦受江南织锦影响，又产生了月华锦、雨丝锦、方方锦、浣花锦等品种，其中尤以色晕彩条的雨丝锦（图 5-27）、月华锦（图 5-28）最具特色。

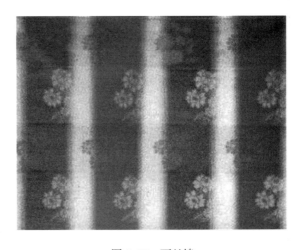

图 5-27　雨丝锦

145

②宋锦（Song Brocade）。宋锦（图 5-29）模仿宋朝锦缎，平挺精细，光泽柔和雅致，古色古香，因为始产于南宋高宗年间而得名。宋锦的特色是彩纬显色，织造中采用分段调换色纬的方法，使得宋锦绸面色彩丰富，纹样色彩的循环增大，有别于云锦和蜀锦。宋锦的纹样具有特定的风格，一般为格子藻井等几何框架中加入折枝小花，配色典雅和谐，主要品种有八达晕锦、水藻戏鱼锦等。

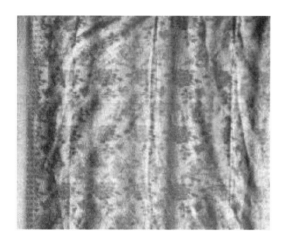

图 5-28　月华锦

图 5-29　宋锦

③云锦（Yun Brocade）。云锦（图 5-30）产于南京，是南京生产的各种提花丝织锦缎的总称，其生产过程是先练丝、染色，再加上金银线织造。它是传统多彩提花的丝织物，紧密厚重，豪放饱满，典雅雄浑，色彩富丽。云锦因其图案花纹典雅优美，色彩绚丽如天边云霞而得名。云锦在设计艺术中有自己独特的风格，图案布局严谨庄重，纹样变化概括性强，用色浓艳对比，常用片金勾边，白色相间，形成色晕过渡。云锦质地紧密厚重，花型题材有大杂缠枝花和各种云纹等，风格粗放饱满。在明、清时期，云锦主要是宫廷用的贡品，皇上穿的金色大花锦缎衣袍，多数都是云锦产品。晚清之后开始形成商品生产，很受蒙、藏、满等少数民族的喜爱。

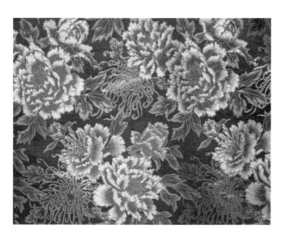

图 5-30　云锦

（9）绒类（Velvet）。绒类丝织物是指采用桑蚕丝或柞蚕丝与化纤长丝交织而成，绸面呈绒毛或绒圈的起绒丝织物。织物表面覆盖一层毛绒或毛圈，外观华丽富贵，手感糯软，光泽美丽耀眼，是丝绸类中的高档织品。丝绒品种繁多，花式变化万千，根据织造工艺可以分为双层经起绒织物，如乔其绒；双层纬起绒织物，如鸳鸯绒；用起绒杆使绒经形成绒圈或绒毛的绒织物，如漳绒；将缎面的浮经或浮纬割断的绒织物，如金丝绒（图

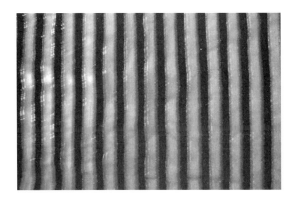

图 5-31　金丝绒

5-31）。绒织物色泽光亮、舒适悬垂，适宜做旗袍、裙子、时装及装饰用料，制成的旗袍、裙子有华贵庄重感。

①金丝绒（Pleuche）。金丝绒是桑蚕丝和粘胶丝交织的单层经起绒织物，具有色光柔和，茸毛耸立浓密，质地滑糯、柔软而富有弹性等特点。其地组织的经纬纱均采用厂丝，起绒纱用粘胶丝，经过割绒、刷毛处理，表面具有一层耀眼的绒毛，可染成各种美丽的色彩。制作服装时，要注意面料倒顺毛一致，以倒做为好。还要注意只能在反面轻烫，不可重压，不可喷水。

②乔其绒（Transparent Velvet）。乔其绒是桑蚕丝和粘胶丝交织的双层经起绒的绒类丝织物。其用强捻桑蚕丝作地经、地纬，均采用二左二右间隔排列的绉纹组织，用糊胶丝起绒。乔其绒绒毛耸密挺立，顺向倾斜，光彩夺目，手感滑糯柔软，富有弹性，多为深色。乔其绒可作烂花、烂印、烫漆、印花整理。烂花乔其绒（图 5-32）是根据粘胶丝怕酸的特性，将乔其绒作特殊印花酸处理，呈现以乔其纱为底纹，绒毛为花纹的镂空丝绒组织，其花纹凸出，立体感强，轻薄柔软、绒面丰满、纱地透明，显得富贵荣华，别具一格。

图 5-32　烂花乔其绒

二、长裙及缠绕式礼服裙的常用面料及选择

女式礼服常以夜晚交际为目的，为迎合夜晚奢华、热烈的气氛，选材多是一些华丽、高贵的材料。因此，在生产礼服时多会选择丝织物。丝织物的生产历史悠久，花色品种繁多，

有素织物、花织物、生织物、熟织物之分。素织物是表面平正素洁的织物；花织物是织物表面布有花纹，有小花纹织物和大花纹织物。生织物常用未经练染丝线织成。熟织物则使用练染后的丝线织成。素织物平实而花织物艳丽，生织物挺括而熟织物软滑。花织物根据我国的传统习惯，结合绸缎织品的组织结构、加工方法、外观风格，可分为 纺、绉、缎、锦、绡、绢、绒、纱、罗、葛、绨、呢、绫、绸等十四大类。这十四个大类的丝织物，大多数可以用作礼服的面料，只是每种类型的丝织物因用料、组织、密度上的不同而造成风格上略有差异，软硬度、厚薄会有不同。在生产礼服时，对于其造型挺括、饱满的裙型，和旗袍一样，会选用塔夫绸、锦缎等紧密挺括的面料塑造板型。对于柔软细腻的褶裥和漂浮的裙摆，会采用软缎、皱缎和透明的绡织物、雪纺、纱织物。

（1）绡（Sheer Silks）。绡指采用平纹或假纱组织的轻薄透明织品，一般呈透明或半透明状。经纬纱都加捻或加强捻，皆 2Z ： 2S 间隔排列。构成有似纱组织孔眼的绡织物，经纬密度较小，质地透明轻薄，孔眼方正清晰，如头巾绡、条花绡。真丝绡薄如蝉翼，细洁透明，织纹清晰，绸面平挺，手感滑爽，柔软而又富弹性。适宜做各种头巾、面纱、披纱和裙衣、晚礼服，在国际市场很受欢迎。真丝绡和烂花绡分别如图 5-33、图 5-34 所示。

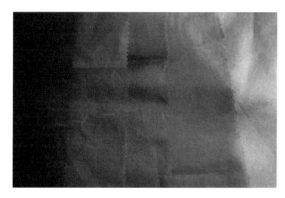

图 5-33　真丝绡　　　　　　　　　　　　　　　　　图 5-34　烂花绡

（2）雪纺（Chiffe）。雪纺是纺类织物里最为轻薄的织物之一，如图 5-35 所示。

图 5-35　雪纺

（3）纱（Gauze Silk）。纱类织物是采用特殊的绞纱组织，构成清晰而均匀的纱孔的织物。其一般用加捻桑蚕丝做经纬，织物质地透明而稀薄，并有细微的皱纹。其常见产品有香云纱、庐山纱、夏夜纱等，具有透气性好，纱孔清晰、稳定，透明度高，轻薄、爽滑、透凉的特点。

三、褶裥裙的常用面料及选择

褶裥裙有两种。一种为自由抽褶的两截、三截裙；另一种为按固定尺寸并有序折叠的裙。自由抽褶式的可选择以下面料：柔软的面料（如细平布、绵绸、电力纺等）有流动感；蓬松的面料（如花呢等）有立体感，但略显臃肿；稍硬且轻薄的面料（如麻纱、塔夫绸及一些化纤面料）活泼、自由、潇洒。折叠裙也叫百褶裙，适合选择的较易定形而出现褶裥的呢料、各种涤纶面料。

任务 5-3　裙装、礼服的辅料选择

✿ 关键词

短裙、长裙、A 形裙、波浪裙、连衣裙、旗袍、礼服裙。

✿ 任务描述

1．目的：认识各种裙装辅料的结构与特点，能根据裙装、礼服种类进行辅料的选择。

2．要求：学生 2~4 人一组，针对老师所发教学资料学习各类辅料的种类。每组学生参照一件裙装实样，分析该裙装所用的辅料，并填写入表 5-3。

3．地点：一体化教室。

4．备用材料：上课前需准备线、盘扣、拉链、衬各若干。

表 5-3　裙装辅料分析表

辅料种类	使用的辅料名称	辅料的材质	辅料的色彩	辅料所起的作用

5．教学建议：老师以"教、学、做"一体化的方式来教学，可以使用课前所准备的裙装，按分组研究→讨论分析→实样对照→认知实践的步骤进行教学。

尽管裙装结构大多简单，但裙装款式众多，通常所说的服装辅料均有应用。同时，由于裙装的种类不同，故对每种辅料的要求也各有差异。

一、裙装的常用衬料及选择

在裙装中，使用的衬料主要有半截裙使用的腰衬，连衣裙的领衬、袖口衬、牵条衬，旗袍所用的衬料领衬、牵条衬、门襟、下摆处的衬。在衬的选择中，要注意衬料与面料的性能相配伍。这些性能主要包括服装面料的颜色、重量、厚度、色牢度、悬垂性、缩水性等。对于缩水大的衬料，在裁剪之前须经预缩；而对于色浅质轻的面料，应特别注意其内衬的色牢度，避免发生沾色、透气等不良现象。裙装中大多使用的是黏合衬，秋冬季穿着的裙装使用的面料较为厚实，所以使用的衬也厚实；春夏季穿着的裙装使用的面料较为轻薄，可使用单面带胶的薄型黏合衬；较滑的丝织物与化纤织物可选涂浆均匀的浆点衬（图5-36）。

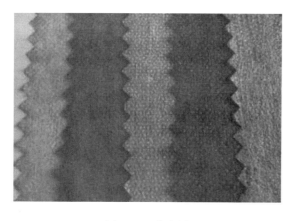

图5-36　浆点衬

二、裙装的常用里料及选择

薄透的连衣裙通常会使用里料。里料可与面料缝合在一起形成死里，也可把里料做成衬裙形式，所选用的里料种类是根据面料的裙子的档次而定。高档的面料（如全毛面料、真丝面料）会选用真丝的里料或美丽绸；中档的面料会选用一般的涤纶绸、醋酯纤维里料或交织里料；档次较低的则会选较为便宜的合成纤维里料。

三、裙装的装饰材料及选择

在裙装中，装饰材料的应用最广泛。常用的装饰手段有面料的再造，包括绣花、盘花、贴珠片、层叠、抽褶等。在这些装饰手段中，可能应用到以下装饰材料。

1. 绣花线

绣花线的捻度较低，颜色鲜艳，多由涤纶、腈纶或锦纶制成。在裙装中，绣花线多用童装裙。绣花线的种类要与生产的设备和面料相适应。使用电脑绣花机时，应选用牢度大而不易磨损的涤纶线、锦纶线，牛仔面料应选用粗的绣花线。

2. 珠片

珠片是目前常见的一种饰品，广泛用于服装、晚礼服、鞋、帽、手袋、头饰、珠绣、灯饰、工艺品等。每种珠片的尺寸均不同，造型各异，色泽艳丽，造型规整，包括空心珠子、珠管、人造宝石、闪光珠片。以这些珠片为材料，绣缀于服饰上，以产生珠光宝气、耀眼夺目的效果，以增添服装的美感和吸引力。珠片的选择要根据设计风格来进行，如图5-37所示。

图 5-37 珠片的使用

3. 花边（Lace）

花边又称蕾丝，是一种以棉、麻、丝线或各种织物为原料，经过绣制或编织成所需花纹图案的装饰性制品。花边在服装上的运用十分广泛，在服饰中常常起着画龙点睛的作用，袖口、衣领、裙摆、袋口等可用花边进行装饰，如图 5-38 所示。花边似乎总是和浪漫联系在一起的，那层层叠叠、累累结结的花边，一直是女人心头的最爱。在裙装中花边的应用非常多，袖口、衣领、裙摆，甚至整件裙装都可使用蕾丝作为面料。袖口、衣领、裙摆处多选条带状的花边，整件服装多选用针织经编蕾丝。使用在领口部位的花边不能太硬，否则穿着时会磨疼颈部。

4. 装饰带

在裙装中，还可应用线绳进行盘花装饰。选用订线绣的服装面料需较挺括，否则会因为线的重量而使服装的形态发生改变，如图 5-39 所示。

图 5-38 花边的应用　　　　图 5-39 饰带的应用

四、其他辅料的使用

裙装里使用垫料的只有礼服与婚纱，主要有胸垫、臀垫与裙撑。裙装线类材料的使用较有特点的是夹克裙的明线，连衣裙与礼服的装饰线，旗袍使用的盘扣、包边带（图5-40、图5-41）。

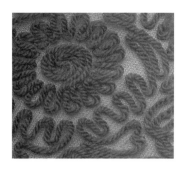

图5-40　装饰线类材料的应用

图5-41　盘扣、包边的应用

【延伸阅读】蕾丝

花边，英文Lace，译为蕾丝，是一种舶来品，最早是由钩针手工编织的网眼组织。花边一般用在服装、内衣、家纺产品上面。花边单薄、层次感强。夏天的内衣多以花边为主题。服装上的花边更是能制造出一种甜美的感觉。

【岗位对接】花边在裙装中的应用

各种白色的手绢布、棉质水溶花边、亚光花边、绒贴补花边、白色网眼、乔其纱巧妙的结合，通过不同质感面料的设计搭配，以及花边的贴补工艺，清晰的表现了带有手工艺特色的细致风格。透明底网的刺绣花边、彩色棉线的刺绣花边、浓艳的七彩棉线织造成的立体花片、各种网纱的运用突出平面与立体的反差。闪光弹力面料与亚光弹力面料在设计中的穿插运用，不仅将面料的舒适性、透气性充分发挥，还将通过面料的对比设计充分实现了装饰的效果。

层层叠叠的花边，无领袒肩的宽松上衣、大朵的印花、手工的花边和细绳结、皮质的流苏、纷乱的珠串装饰、还有波浪乱发；其用色是运用撞色取得效果，如宝蓝与金啡，中灰与粉红……

比例不均衡；剪裁有哥特式的繁复，注重领口和腰部设计，这些都是波西米亚风的设计风格，在近几年被大众很普遍的接受了。

【课后练习】

1. 麻纱的原料采用捻度较紧的＿＿＿＿＿做经纬纱，利用＿＿＿＿＿组织织制而成的薄型织物。

2. 乔其纱经纬纱均采用＿＿＿＿＿双股＿＿＿＿＿捻厂丝相间交织，以＿＿＿＿＿组织织成。

3. ＿＿＿＿＿是丝织物中最为精致的产品，素有"东方艺术品"之称。

4. ＿＿＿＿＿、＿＿＿＿＿和＿＿＿＿＿，并称中国传统三大名锦。＿＿＿＿＿虽以时代名，＿＿＿＿＿虽以纹样名，但事实上都带有极明显的地方色彩。

5. 双宫绸是用＿＿＿＿＿作经，＿＿＿＿＿作纬，以平纹组织交织而成的，质地紧密，绸面粗糙，＿＿＿＿＿向呈现出疙瘩状，是真丝织物中别具风格的品种。

6. 试比较棉织物中平布、府绸有何差异？

7. 为什么牛仔布可以用来生产夹克裙？

项目六　毛皮和皮革

❋ 项目导入

　　根据人类学研究和考古学资料记载，人类最初的衣服是用兽皮制成的。距今40万年前居住在法国尼斯附近的人类生活遗迹中，就有毛皮被用过的痕迹。这些毛皮以披挂的形式包裹在身上，用来御寒和防御外来伤害（图6-1）。在古代某些民族，穿着毛皮成为特权阶层的象征。如今，毛皮与皮革已成为普通消费者喜爱的服装材料之一。对从事服装的专业人员来说，正确的认识，并能鉴别毛皮与皮革是所要掌握的一个知识内容。

图6-1　原始社会的服装

❋ 项目目标

　　1. 了解天然毛皮与人造毛皮的结构。

　　2. 掌握天然毛皮与人造毛皮的特点与用途。

　　3. 了解天然皮革与人造皮革的结构。

　　4. 掌握天然皮革与人造皮革的特点与用途。

任务6-1　裘皮服装面辅料选择

❋ 关键词

　　天然毛皮、黏合衬、人造毛皮。

✱ 任务描述

1．目的：了解天然毛皮与人造毛皮的结构，掌握天然毛皮与人造毛皮的特点与用途。

2．要求：在课前，以小组为单位收集天然毛皮与人造毛皮；将收集的毛皮通过各种学习途径，初步分类。

3．地点：一体化教室。

4．教学建议：老师以"教、学、做"一体化的方式来教学。可以以课前所备材料结合师按分组研究→讨论分析→实样对照→认知实践的步骤进行教学。

　　毛皮又称裘皮，轻便柔软，坚实耐用，既可用作面料，又可充当里料与絮料。特别是裘皮服装（图6-2），不但在外观上保留了动物毛皮自然的花纹，而且通过挖、补、镶、拼等工艺，还可以形成绚丽多彩的花色。

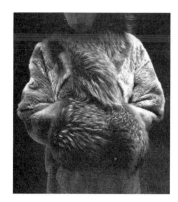

图 6-2　裘皮服装

　　典型的毛皮有狐皮、貂皮、绵羊皮等。在选择裘皮服装辅料时，里料与毛面颜色尽量协调。其用线颜色也要相似（特殊要求例外），一般使用100％的涤纶多股长丝线、抛光棉线和包芯线。镀层、喷漆或其他任何材料的配件（如搭扣、装饰扣等）应光滑、均匀、坚实、无斑点、无锈蚀、互相吻合良好，与毛面颜色相随。裘皮服装的用料如图6-3所示。

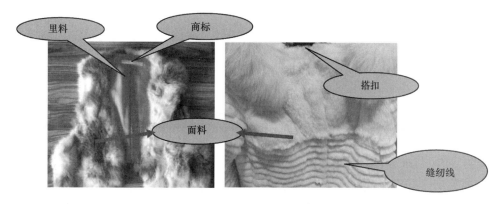

图 6-3　裘皮服装的用料

一、天然毛皮

天然毛皮由动物毛皮经过后加工而制成（俗称生皮），是"裘皮"的原料，再经过化学处理和技术加工，转换成既柔软又御寒的熟皮。用作服装材料的毛皮以具有密生的绒毛、厚度厚、重量轻为上乘动物毛皮。

1. 毛皮的结构

天然毛皮是由皮板和毛被组成。皮板是毛皮产品的基础，毛被是关键。

（1）皮板构成。皮板切片在显微镜下观察，可以清楚地看到分为三层，即表皮层、真皮层和皮下组织。表皮层中的角质层对外界物理和化学作用具有一定的抵抗能力。表皮层虽然很薄，却起到很重要的作用。真皮层的厚度和重量占皮板的大部，达90%以上。

（2）毛被的组成。所有生长在皮板上的毛总称为毛被。毛被由锋毛、针毛、绒毛按一定比例成簇有规律地排列而成。锋毛也称箭毛，是毛被中最粗、最长、弹性最好、数量最少的一类毛，只占毛被总量的0.5%~1%。锋毛在每组毛中最多一根，在动物体上起着传导感觉和定向的作用。针毛又称刚毛、粗毛、枪毛，是毛中较粗、较长、弹性、颜色、光泽较好的一类毛，比绒毛长，占总毛量的2%~4%。针毛长于绒毛，将绒毛遮盖住，形成一个覆盖层，起着防湿和保护绒毛，使绒毛不易粘结，起到保护绒毛的作用。针毛有一定的弯曲，从而形成毛被特殊花纹。针毛的质量、数量、分布状况决定了毛被的美观和耐磨性能，是影响毛被质量的重要因素。因此，针毛发育的好坏对毛皮的美观和耐磨性影响很大，挑选毛皮时一定要注意针毛的分布形态。

绒毛是毛被中最细、最短、最柔软、数量最多的毛；它们的粗细基本相同，并带有不同的弯曲，如直形、卷曲形、螺旋形等。绒毛的颜色较差，色调较一致，占总毛量的95%以上，在动物体和外界之间形成一个空气不易流通的保温层。这是毛皮御寒的重要因素。

（3）毛被的形态。按毛组成的类型不同，毛被分为以下三种形态：具有锋毛、针毛、绒毛三种毛型组成的毛被，如山兔的毛皮；具有针毛、绒毛组成两种毛型的毛被，如水貂皮；单一类型的毛被，如美利奴羊皮只有绒毛，鹿皮只有针毛。

毛皮上不同部位毛被的构造是不同的。大多数毛皮动物身上发育最好的是背和身体两侧的毛被。在这些部位的毛被针毛和短绒都颇为发达。在较不易受寒的腹部，毛绒短而较稀。生存在水中的毛皮兽，全身的毛绒是平均发育的。

2. 毛皮的品种与特征

毛皮动物的产地、栖息、生活、食物、习性、季节等因素对毛质的发育、皮板的构造有直接影响。故毛皮分两大类：一类是人工饲养的家畜，如山羊、绵羊、兔、家猫、狗等；另一类是栖息在山野的野兽，即野生动物，如黄鼬（黄鼠狼）、香鼠、灰鼠、豹猫（狸子）、狐狸、虎、狼、豹等。如果按毛皮的品质区分，毛皮大体可分成细毛皮和粗毛皮两大类，如紫貂、水貂、黄鼬、狐、貉等的毛皮均属于细毛皮类；而狼、豹、羊、狗、兔等的毛皮属于粗毛皮类。下面是常见的天然毛皮。

（1）紫貂皮。紫貂皮又称黑貂皮。紫貂是小型食肉动物，稀少而珍贵，体毛呈黑褐色，头部颜色较浅，如图6-4所示。毛被细而柔软，底绒丰富，厚实而丰软，使紫貂的毛皮御寒能力较强。紫貂皮是一种高档毛皮制品，主要用于制作外套、长袍等（图6-5）。由于气候原因，西伯利亚的紫貂皮质量是最佳的。

图6-4　紫貂　　　　　　　　　　　　　　图6-5　用紫貂皮做的服装

（2）水貂皮。水貂是一种珍贵的毛皮兽，属于水陆两栖动物。其皮板紧密，强度高，针毛松散、光亮，绒毛细密，有毛皮之王的美称（图6-6）。彩貂皮有白色、啡色、棕色、珍珠米色、蓝宝石色和灰色等，以颜色纯正、针毛齐全、色泽美观者最佳。

（3）狐狸皮。狐狸主要品种有北极狐（图6-7）、赤狐、银黑狐、银狐（玄狐）、十字狐和沙狐等。北极狐又称蓝狐，有白色和强蓝色两种色型。蓝狐皮毛被蓬松、稠密、柔软，底绒呈带蓝头的棕色，针毛呈蓝红到棕色，板质较轻，有韧性。蓝狐在欧洲、亚洲及北美接近北冰洋地带均有分布。赤狐即红狐，毛呈棕红色。美国产红狐狐毛稠密，有丝光感，在红狐皮中最高贵。银黑狐皮和蓝狐皮价值昂贵，银黑狐现已大量人工饲养。狐狸皮无论制成大衣、披肩、衣领、镶边等都深受消费者欢迎（图6-8）。

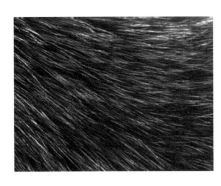

图6-6　水貂皮　　　　　　图6-7　北极狐　　　　　　图6-8　狐狸皮制作的服装

（4）貉子皮。貉子又名狸、毛狗、土狗，按产地可分为南貉子和北貉子。北貉毛长而蓬松，针毛尖端呈黑色，底绒丰厚，呈灰褐色或驼色。北貉子皮的质量比南貉子皮好，尤其以乌苏里貉子皮质量最优（图6-9）。

（5）黄鼬皮。黄鼬俗名黄鼠狼。其皮板薄，毛绒短。我国东北、内蒙古东部所产黄鼬皮称圆皮。用黄鼠狼皮制作的手袋如图6-10所示。

图6-9　乌苏里貉子皮　　　　　　　　　图6-10　黄鼠狼皮制作的手袋

（6）绵羊皮。绵羊皮分粗毛绵羊皮、半细毛绵羊皮和细毛绵羊皮。粗毛绵羊皮的毛粗直，纤维结构紧密，如内蒙古绵羊皮、哈萨克绵羊皮和西藏绵羊皮等。巴尔干绵羊皮多为粗毛绵羊皮。我国的寒羊皮、月羊皮为半细毛绵羊皮。细毛绵羊皮毛纫密，纤维结构疏松，如美丽奴细毛绵羊皮。经杂交的改良种细毛绵羊皮以我国新疆细毛绵羊皮和东北细毛绵羊皮最著名。用绵羊皮制作的背心如图6-11所示。

（7）羔皮。羔皮又称小绵羊皮。我国张家口羔皮、库车羔皮、贵箔黑紫羔皮，毛被呈波浪花纹的浙江小湖羊皮，毛被里7—9道弯的宁夏滩羔皮和滩二毛皮，均在世界上享有盛誉，如图6-12、图6-13所示。波斯羔皮又称卡拉库尔皮，我国称三北羔皮，具有美丽的卷曲毛被，光泽鲜明，有丝性，绒毛适中，花纹清晰紧实，耐磨性强，颜色美观，图案立体感强，呈黑色、琥珀色、白金色、棕色、灰色及粉红色等，以毛被呈卧蚕形花卷者价值最高，主要产自俄罗斯、阿富汗等国。也是国际毛皮市场三大支柱产品之一，张幅较大，适于制作美观高贵的女大衣、帽子、领子、围脖、镶边和褥子等。我国内蒙古山羊绒皮，皮板紧密，针毛粗长，绒毛稠密。

图6-11　绵羊皮背心　　　　　图6-12　滩羊皮服装　　　　　图6-13　染色滩羊皮

（8）兔皮。兔皮的皮板薄，绒毛稠密，针毛脆，耐用性差。它分为本种兔皮、大耳白兔皮、大耳黑油兔皮、獭兔皮、安哥拉兔皮等。兔皮制品属于低档产品，可通过染整仿制水貂、黄狼等高档毛皮，提高经济效益。

3. 毛皮的质量要求

原料皮的质量包括毛被和皮板的质量，毛被的质量更重要。其质量检测评价以感官鉴定为主，定量分析检测为辅的方法。

毛被质量的检测指标有长度、密度、粗细、颜色和色调、花纹、光泽、弹性、强度、柔软度、耐用性以及成毡性等。通过这些指标可综合评定毛被的质量。各种毛皮的毛长见表6-1。

表6-1 各种毛皮的毛长

种类	针毛 (cm)	绒毛 (cm)	种类	针毛 (cm)	绒毛 (cm)
水貂	1.8~2.2	1.3~1.5	海狸鼠	2.1~3.0	1.2~1.6
紫貂	3.8~4.2	2.6~2.8	麝鼠	2.0~4.0	2.0
银黑狐	3.0~7.0	3.0~4.0	旱獭	2.1~3.0	1.8~1.9
北极狐	4.0~4.5	2.5~2.6	毛丝鼠	—	1.8~2.5
貉	9.0~9.2	4.6~5.2	獭兔	—	1.3~2.2

（1）毛的密度：指单位面积中毛的数量（根/cm²），它决定毛皮保暖性的好坏，不同种类动物毛皮、不同部位的毛的密度都不同（表6-2）。

表6-2 不同种类毛皮的毛密度

种类	密度（根/cm²）	种类	密度（根/cm²）
水貂	12000	海狸鼠	11420~14200
紫貂	24800	猞猁	5050
水獭	31150	旱獭	2796

皮板的质量由皮板的厚度和面积决定。

（2）毛被的天然颜色：在鉴别毛皮品质时起重要作用。不同的毛皮有其独特的毛被色调。

（3）毛的弹性和成毡性能：弹性好的毛被灵活、松散、成毡性也小。一般毛纤维越细越容易成毡。用化学药剂处理后的毛，则成毡性降低。

（4）皮板重量与面积：皮板的重量与厚度、面积成正比关系。加工前后皮重与面积变化规律可作为衡量鞣制效果的依据之一。

（5）板质和伤残：板质的好坏取决于皮板的厚度、厚薄均匀程度、油性大小、板面的粗细程度和弹性强弱等。皮板和毛被伤残的多少、面积大小及分布状况，对制裘质量影响很大。因此，伤残也是衡量制裘原料皮质量的一个重要条件。

二、人造毛皮

人造毛皮是以化学纤维为原料，并经机械加工而成，其外观类似动物毛皮的长毛型织物（图6-14）。其表面形成的绒毛长短不一，接近天然毛皮的外观和服装性能，经常用于大衣、衣领、帽子、褥垫、室内装饰物等。仿羊羔皮的织物如图6-15所示。为仿制某一种动物毛皮，需要对人造毛皮的毛尖染色（图6-16）。

图6-14　人造毛皮

图6-15　仿羊羔皮

图6-16　毛尖染色

1. 人造毛皮的分类

人造毛皮按生产方法可以分为针织人造毛皮、机织人造毛皮和人造卷毛皮。

（1）针织人造毛皮。它采用长毛绒组织织成，用腈纶、氯纶或粘胶纤维作毛纱，用涤纶、腈纶或棉纱做底布用纱。用作服装材料的纬编人造毛皮常用品种有素色平剪绒、提花平剪绒和仿裘皮绒等。针织割绒和平剪绒分别如图6-17、图6-18所示。

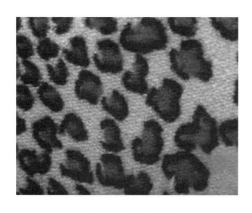
图6-17　针织割绒

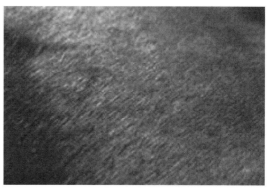
图6-18　平剪绒

（2）机织人造毛皮。一般底布用棉纱作为经纬纱，毛绒采用羊毛或腈纶、氯纶、粘胶纤维等，在双层组织的经起毛机上织造，在织物表面形成类似于针毛和绒毛层的结构。其保暖性、透气性和弹性均较好，适宜制作妇女冬季大衣面料、冬帽、衣领等。

（3）人造卷毛皮。用粘胶纤维、腈纶或变性腈纶等纤维为原料，夹持在两根纱线中，通过加捻形成毛绒的绒毛带，然后通过传送装置将绒毛纱带送向已刮涂了一层胶浆的基布，在基布上粘满一行行整齐的卷毛，再经过加热、滚压，适当修饰后，就成为人造卷毛皮。

2. 人造毛皮的性能特点

目前多数人造毛皮是将涤纶作为手绒，棉或粘胶纤维等机织物及针织物作为地组织的制品。其优点是质量轻、光滑柔软、保暖、仿真皮性强、色彩丰富、结实耐穿、不霉、不易蛀、耐晒、价廉、可以湿洗；缺点是容易产生静电，易沾尘土，洗涤后仿真效果变差。

三、毛皮的发展趋势

从功能上来说，毛皮从传统的保暖为主的功能走向了装饰为主的潮流，使用范围不断扩大。除了传统的全部用毛皮制作的服装外，毛皮与各种面料结合制作的时尚服装也占较大比例。毛皮产品会随着时尚的潮流不断扩大它的市场。

在设计剪裁方面，毛皮服装在设计手法上渐趋于重视细节设计，如肩、领、腰部、袖口的设计，这使得制作工艺趋向复杂。而且更加强调各种毛皮原料的配合使用，辅料的运用；与皮革、针织的结合趋势，将使裘皮服装显得更加流动、华丽、独具魅力。

从价格上来说，近年来，毛皮服装价格下降明显，越来越适合普通人消费。裘皮服饰的定位越来越接近普通消费者，价位也随之拉开档次，从十几万元到万元左右，甚至几千元、几百元的都有，各个阶层的消费者都能接受。

从应用范围来说，裘皮越来越受各类服饰的青睐。当前，服装界流行"混搭"，皮草混搭是近年来皮草市场上的一大亮点，毛皮以装饰为主，出现在领口、袖口与下摆等处，甚至在女士长筒靴上也颇受推崇。各式各样的皮草拼贴大量被运用，不论是连帽大衣、连身洋装、裙摆，还是罩衫，都可以看见皮草的影子。

【延伸阅读】毛皮的质量检测

1. 鉴别方法

毛的长度、细度、清晰度、密度、皮板厚度、伸长率、崩裂强度、撕裂强度等可通过仪器进行测定。但目前普遍用感官鉴定法，通过抖、看、摸、吹、闻等方法，凭实践经验，按加工要求和等级规格标准进行质量鉴定。

抖皮：先将毛皮放在检验台上，先用左手握住皮的后臀部，再用右手握住皮的吻鼻部，上下轻轻抖动，同时观察毛绒品质。

看：毛绒的丰厚、灵活程度及其颜色和光泽，毛峰是否平齐，背、腹毛色是否一致，有无伤残或缺损及尾巴的形状和大小等。

摸：用手触摸，了解皮板瘦弱程度和毛绒的疏密柔软程度。

吹：检查毛绒的分散或复原程度和绒毛生长情况及色泽（白底绒或灰白底绒）。

闻：毛皮贮存不当，出现腐烂变质时，有一种腐烂的臭味。

2. 毛绒品质的优劣

通常有如下三种表现。

毛绒丰足：毛绒长密，蓬松灵活，轻抖即晃，口吹即散，并能迅速复原。毛峰平齐无塌陷，色泽光润，尾粗大，底绒足。

毛绒略空疏或略短薄：毛绒略短，轻抖时显平状，欠灵活，光泽较弱。中背线或颈部的毛绒略显塌陷。针毛长而手感略空疏，绒毛发黏。

毛绒空疏或短薄：针毛粗短或长而枯涩，颜色暗，光泽差，绒毛短稀或长而稀少，手感空疏，尾巴较细。

毛皮鉴定时，以毛绒和毛板质量为主，结合伤残（或缺损）程度、尺码大小，全面衡量，综合定级。

【岗位对接】毛皮服装的设计与制作

1. 毛皮服装的设计

（1）毛皮来源于动物身体，每张皮都不一样，不像普通服装面料那样具有长、宽、色泽、粗细等基本一致性，因此在裁制时，不能像普通面料那样多叠层的裁剪，必须经过合理的挑选分配，裁制成一件件服装。

（2）因毛皮表面有很长的动物毛，任何分割区的拼接线都会被掩盖，故可以利用多种拼接使之表面花纹更理想。这些工艺上处理的不同决定了毛皮服装特有的风格。

（3）与普通服装相比，毛皮服装流行的频率变化相对慢一些，在设计时要掌握服装流行的动态趋势以把握毛皮服装流行的分寸感。

（4）毛皮服装因材料厚而柔软，在设计时一般考虑的是冬季理想的外用服装。

2. 毛皮服装的制作

（1）毛皮因材料特殊，制作工艺也有不同于普通服装的技巧和方法。

（2）在测量毛皮服装时应注意皮毛的厚度。如一件小羊羔皮袄的胸围需加放 25cm，一件厚的老羊皮大衣则应加放 38cm。

（3）在裁剪时，必须先制作每一块样板，任何小的分割都要有。根据纸样在皮张上一块块取样，裁剪过程比普通面料要复杂很多，并注意毛的长度。毛长的毛皮外衣面料的底边应放长些，毛短的则应少放些，以毛绒不露出服装外部为准。但有时毛皮不够长，应把面料底边贴边作宽些，以掩饰毛皮短的不足。

（4）裁剪毛皮时，应用刀子从皮子的底板上划。为了美观，可将皮毛好的部位放在底边处；前后肩部及距袖口 12cm 左右的地方要用顺向的毛皮料（否则身子和里子都要往上窜）；门襟的皮子要裁到前中线，以扣好纽扣两侧皮子恰好对齐为标准。

【课后实践】

请每组同学根据已收集的毛皮面料，结合面料自身的特点，设计一个系列的 5 款服装，并画出服装效果图，并注明在缝制时需要注意的事项。

任务 6-2　认识皮革

❀ 关键词

天然皮革、人造皮革。

❀ 任务描述

1. 目的：了解天然皮革与人造皮革的结构；掌握天然皮革与人造皮革的特点与用途。

2. 要求：在课前，以小组为单位收集天然皮革与人造皮革；将收集的皮革通过各种学习途径，初步分类；通过收集分析材料，对日常生活中穿着的皮革服装进行检验真假。

3. 地点：一体化教室。

不带毛的动物皮称为皮革。有一定张幅且有经济价值的动物皮都可以用作制革的原料皮。牛皮、山羊皮、猪皮和绵羊皮都是常用服装用皮革的来源。皮革经过染色处理后可以得到各种颜色，主要用作服装与服饰面料。不同的原料皮，经过不同的加工方法，能有不同的外观风格。而且它的条块可以经过编结、镶拼以及同其他纺织材料组合，既可获得较高的原料利用率，又具有运用灵活、花色多变的特点，深受消费者的喜爱。

皮革服装的面辅料使用情况如图 6-19 所示。

图 6-19　天然皮革服装的用料

一、天然皮革

1. 常用天然皮革的品种

天然皮革按张幅和重量，可分为轻革及重革。轻革主要用于服装、手套、鞋面等；重革用于鞋底。

天然皮革按原料皮的来源，可分为兽皮革（如牛、羊、堵、马、鹿、麂）、海兽皮革（如海猪）、鱼皮革（如鲨、鲸、海豚）、爬虫皮革（如蛇、鳄鱼）。

天然皮革按外观特征，一般分为光面革和绒面革两种。光面革是指动物毛皮去毛躁制后得到的光面皮革然的粒纹。使用时，皮革表面大多数是经过美化涂饰的（如摔纹、压花等），表面未经涂饰则较少直接使用。光面革要求用伤残少的高等级原料皮，且加工要求也高，属于高档皮革。因光面革皮革的表面完整地保留在革上，坚牢性能好，表面不经涂饰或涂饰很薄，保持了原皮天然的粒纹及较好的柔软弹性和良好的透气性。光面革制成品舒适、耐久、美观，从粒纹可以分辨原皮的种类。绒面革是革面经过磨绒处理的皮革，绒面革是轻革品种之一，是指表面呈绒状的皮革利用皮革正面（生长毛或鳞的一面）经磨革制成的称为正绒；利用皮革反面（肉面）经磨革制成的称为反绒。利用二层皮磨革制成的称为二层绒面。由于绒面革没有涂饰层，其透气性能较好，柔软性较为改观，但其防水性、防尘性和保养性变差。没有粒面的正绒革的坚牢性变低。绒面革制成品穿着舒适、卫生性能好，但除油糅法制成的绒面革外，绒面革易脏而不易清洗和保养。其主要用于皮鞋、服装、皮包、手套等。绒面革厚度要比光面革薄。

（1）猪皮革。猪皮粒面凹凸不平，毛孔粗大，耐磨耐用，透气透水性好。毛孔在粒面上排列是三根一组，构成三角形的图案，有特殊的花纹，花纹特征为三点（毛孔）一撮（图6-20）。猪皮革常制成经过磨光处理的光面革或绒面革。正面磨绒的绒面革绒毛细短，反面磨绒的绒毛粗长，国外一般将其制成绒面革服装。猪皮革的不足是易吸水、易变形。因此，猪皮革的服装不如牛皮革、羊皮革的外观漂亮，价格也较低。猪皮革可用于制作服装、鞋等，但皮质粗糙，弹性差。猪皮革服装如图6-21所示。

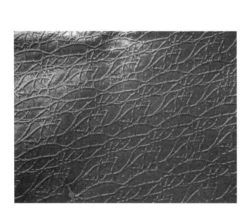

图6-20　经过轧花处理的猪皮革　　　　　图6-21　猪皮革服装

（2）牛皮革。牛皮有黄牛皮和水牛皮两种，其中黄牛皮是牛皮革主要的原料。黄牛皮革粒面上毛孔呈圆形，并较直地伸入革内，毛孔紧密而均匀地分布在革面上，革质丰满，粒面较光滑而细致，花纹如繁星布满天空；而水牛皮皮革毛孔呈圆形，孔眼粗大，毛较直地深入革内，毛孔数量较黄牛革少，但较均匀地分布革面上，粒面凹凸不平，较粗糙，花纹"星星点点"。水牛皮由于乳头层凹凸不平，粒面粗糙，外观不如黄牛皮和羊皮细腻，但抗张强度较高，所以多做工业用革，也有部分用于服装。牛皮革如图6-22所示。

 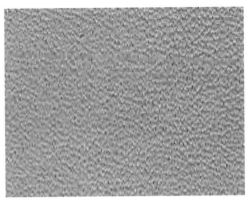

图6-22　牛皮革

黄牛革有小牛革和老牛革之分。老牛皮革面粗糙、较厚，不宜作为服装用料。小牛革是皮革中最好的，纤维束较细，交织均匀且紧密，强度较高，成革柔软，粒面光滑细致，花纹美观，颈部也无皱纹，薄厚均匀，是高级皮革服装（图6-23）和鞋的理想材料。也可在其表面里进行印染加工，制成仿鳄鱼纹效果，如图6-24所示。

 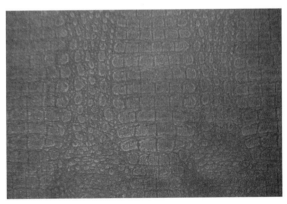

图6-23　牛皮革应用在服装上　　　　　图6-24　牛皮革仿鳄鱼纹

（3）羊皮革。常用的羊皮革有山羊皮革和绵羊皮革两种，正面革和绒面革都常用。山羊皮革粒面紧密，柔韧坚牢，透气性和光泽较好，但质地不如绵羊皮柔软细致。绵羊皮手感滑润，弹性好，延伸性大。由于表皮薄，故其强度较小。羊皮革适用于制作服装、手套、鞋帽、背包等。

羊皮革的革面特征是粒面毛孔扁圆，较斜地伸入革内，毛孔几根排成一组，像鳞片或锯齿状，花纹特点如"水波纹"状。羊皮革如图6-25所示。

（4）麂皮革。麂是哺乳动物，是一种小型的鹿。天然麂皮是一种名贵皮革。由于麂皮的毛粗且稠密，皮面粗糙、斑疤较多，不适于做正面革，常常加工成绒面革，其绒面细腻、柔软、光洁，皮质厚实，坚韧耐磨，透气性和吸水性较好，制作出的服装风格独特，是国际市场的畅销品。其也可用于做手套及其他产品。麂皮革如图 6-26 所示。

（5）马皮革。马皮革粒面毛孔呈椭圆形，比黄牛革面的毛孔稍大，毛较斜地伸入革内，毛孔较有规律地排列，构成山脉状，革质较松软，不如黄牛革紧密丰满。马皮革一般包括骡皮革、驴皮革等。由于其纤维束较细致，交织较黄牛革松弛，而后身的"股子皮"（即臀部部位的皮）特别紧密且结实耐磨。做服装用革多采用马前身部分皮革，"股子皮"不用于服装。

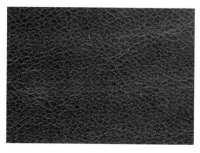  

图 6-25　羊皮革　　　　　　　　　　　　　　　　图 6-26　麂皮革

2. 天然皮革的性能特点

天然皮革具有较高的机械强度，优良的透气、吸湿、排湿性能，因而穿着卫生、舒适；其有一定的弹性和可塑性，易于加工成型；用于生产各种革制品，在使用过程中不易变形；耐湿热稳定性好，耐腐蚀，对一些化学药品具有抵抗力，耐老化性能好；易于保养，使用中能长久保持其天然外观。

天然革被广泛用于制成各类革制品，供军需、工农业和民用。随着科学技术的发展，出现了各种人造革、合成革等，作为天然革的补充，用于制作皮鞋及其他革制品，但并不具备天然革的卫生性能和舒适感。

3. 皮革的质量评定

皮的种类和制革工艺是决定皮革质量的两个主要因素。皮革的质量可以从外观质量和内在质量两方面进行评定。

（1）外观质量。其包括革身的丰满、柔软、弹性、色泽、革面粒纹、绒毛等，用眼看、手撰的方法凭经验检验。要求皮革整体挺括度好，手感丰满有弹性；同时服装革以手感糯（即柔韧而不板硬）为好；而且粒面细致光亮，看到毛孔，不失天然皮革形象。原料皮留下的伤残（如剥伤、刀伤、虻眼等）及制革加工中的伤残（如裂面、掉浆、硬板、油板等），缺陷的分布有聚集型和分散型，如果缺陷之间不超过 7cm，即为聚集型；如果缺陷之间距离大于 7cm，即为分散型，这是质量和等级评定的重要因素之一。

（2）内在质量。内在质量的主要指标有含水量、含油量、含铬量、酸碱值、抗张强度、撕裂强度、缝裂强度、延伸率、透气性和耐磨性等。

二、人造皮革

早期生产的人造皮革是将 PVC（聚氯乙烯）涂于织物制成的，服用性能较差。近年来开发了 PU(聚氨酯) 合成革的品种，使人造皮革的质量获得显著改进。特别是底基用非织造布，面层用聚氨酯多孔材料仿造天然皮革的结构及组成的合成革，具有良好的服用性能。下面分别介绍两种不同类型的人造皮革。

1. 人造革（PVC 革）

人造革是用聚氯乙烯树脂、增塑剂和其他助剂组成混合物后涂覆或贴合在平纹布、帆布、针织汗布、非织造布等基布上，再经过适当的加工工艺过程而制成。根据塑料层的结构，可分为普通革和泡沫人造革两种。泡沫人造革手感柔软，有弹性，与真皮相近。为了使其具有类似天然皮革的外观，在革的表面往往轧上类似皮纹的花纹，称为压花，如压出仿羊皮、牛皮等花纹。人造革用作服装和制鞋面料时要求轻而柔软，基布采用针织布，服用性能较好。人造革如图 6-27 所示。

图 6-27　人造革

2. 合成革（PU 革）

合成革是用聚氨酯树脂涂覆在机织底布、针织底布或非织造布上，制成的类似皮革的制品。其外观比人造革更接近天然皮革，强度和耐磨性高于人造革，具有一定的透气性能，在吸湿性与通透性方面较人造革有所改善，生理舒适性能优良。其表面光滑紧密，可染成各种色彩，可通过特殊的工艺处理，制成外观、手感都非常接近山羊皮革的合成革，易洗涤去污，易缝制，适用性广。

3. 人造麂皮

人造麂皮又称为仿麂皮。服装用的人造麂皮要求既有麂皮般细密均匀的绒面外观，又有柔软、透气、耐用的性能。人造麂皮可用聚氨酯合成革进行表面磨毛处理制成。它的底布采用化纤中的超细纤维非织造布。人造麂皮还可通过在织物上植绒制成，植于表面的细绒主要是棉纤维、粘胶纤维、锦纶等原料，绒屑的平均长度在 0.35~5mm，有本色的也有染色的，有等长的也有不等长的。一般采用有较细细度的较短绒屑制成服用仿麂皮织物。

三、皮革业的发展趋势

皮革受大多数消费者喜爱。他们对服装革的质量要求也越来越高，如要求皮革轻、薄、软，真皮感强，手感滑爽，丰满且有弹性，色谱齐全，染色牢固，并具有防水、耐光、防污等性能。由此市面出现了各种皮革柔软剂、皮革光亮剂。皮革化学品的用量与皮革的重量相比很小，但其对皮革制品质量的提高却起着直接和决定性的作用。同时，环保越来越被人们所提倡和重视，皮革工业的发展也势必会受到挑战。

目前，皮革行业的发展越来越趋向于以下几方面。

1. 向生态皮革方向发展

生态皮革在生产制造过程中不会给环境带来污染；将其加工成革制品的过程中无害；使用

过程中对人体无害，对环境无污染；可以被生物降解，且降解产物不会对环境产生新的污染。在生产过程中，皮革产业将更加注重清洁化生产技术的应用，这就要求要开发绿色化学品和无污染工艺，并注重工艺内的再用与循环。

2. 特殊效应革和特种皮革不断被应用

目前，市场上已有的特殊效应革主要有皱纹（龟裂）革、摔纹革、擦色效应革、消光革、珠光革、荧光效应革、珠光擦色效应革、仿旧效应革、水晶革（仿打光）、磨砂效应革、蜥蜴革、变色革、绒面革等。纺织工业及其他行业中的技术（如抓花、扎花、蜡染、扎染、镂空、电子雕花等）移植到皮革行业中生产特殊效应革也已成为了一种趋势。目前，皮革行业不仅仅局限于外观的表面效应，更重要的是开发功能性皮革，如防水革、防油革、防污革、阻燃革、水洗革、芳香性皮革等。目前，市场上主要的特种皮革主要有鱼皮革、蛇皮革和鸵鸟皮革，这些需要顶尖和高档的原料，而且特殊效应革和特种皮革不断在皮革生产中的应用有效地提升了产品的档次，促进了产品的多样化和绿色化。

3. 高新技术越来越多应用到皮革行业领域

高新技术运用到制革工艺中，超声波技术、电子技术、微波和高压技术都应用到了皮革领域，未来的纳米技术也会运用到皮革，对皮革的设计和制造影响也是很大的。例如，超声波技术可以使酶容易渗透到皮革中，使皮革更加均匀一致，而且可以使酶具有可转移性，也可以使皮革的废物有所降低。纳米技术在皮革中的应用也会逐渐展开，如纳米鞣剂可以解决材料污染的问题，纳米涂剂可以解决抗菌污染问题等。

随着高新技术的应用、清洁化生产技术的实施，皮革面料将不再含有对环境造成污染、对人体造成伤害的六价铬、甲醛、偶氮染料等物质，逐渐实现绿色化和生态化。那么皮具作为皮革的终端产品，实现绿色化、生态化将指日可待。

经过多年的快速发展，我国制革行业已进入产业提升时期。开展节能减排，保护环境，调整产业结构，转变增长方式，通过科技创新提高产品核心竞争力，提高产品附加值，皮革面料的功能化、绿色化、时尚化、高档化发展是未来制革业的发展趋势。

【延伸阅读】真皮标志

真皮标志是中国皮革工业协会以第三方身份向社会承诺，保证真皮产品质量的一种认证标志。真皮标志于 1994 年 10 月 14 日已正式启用。真皮标志是在国家工商行政管理局注册的证明商标，凡佩挂真皮标志的皮革产品都具有三种特性。

第一，该产品是用优质真皮制作的。

第二，该产品是做工精良的中高档产品。

第三，消费者购买佩挂真皮标志的皮革产品可以享受良好的售后服务。

真皮标志的注册商标是由一只全羊、一对牛角、一张皮形组成的艺术变形图案，如图 6-28 所示。整体图案呈圆形鼓状，图案中央有 GLP 三个字母，是真皮产品的英文缩写，图

图6-28　真皮标志

案主体颜色为白底黑色，只有三个字母为红色。图案寓意牛、羊、猪是皮革制品的三种主要天然皮革原料。图案呈圆形鼓状，一方面象征着制革工业的主要加工设备转鼓，另一方面象征着皮革工业滚滚向前发展。

现在无论是真假皮包都有可能挂着皮样小牌，许多消费者不知道该如何去辨别，更有消费者不清楚皮样小牌是否就是"真皮标志"。其实皮样小牌不等于"真皮标志"。中国皮革工业协会推出了书页型两页四面的新版真皮标志标牌，其封面印有真皮标志注册图形，封面和封底均有蓝色防伪底纹，封二和封三分别介绍了真皮标志防伪技术、消费者如何用真皮标志保护自己的合法权益及真皮标志管理办公室的电话。

为了防伪，真皮标志标牌在印刷中采用了几项防伪措施：同时采用荧光、激光两种防伪技术印刷；标牌分别由两个厂印刷，再复合成为真品；在标牌正面、反面共有六个保密措施。最简单的鉴别办法是：用紫外线灯（票证识别器）照射标牌正面，将出现红色"真皮"和"HQ"字样。标牌反面下方的编号，在紫外线灯照射下由浅红色变成黄色，其他四个保密措施不对外宣布，将作为鉴别仲裁依据。

【岗位对接】皮革服装的设计与制作

1. 皮革服装的设计

皮革服装要根据材料的特点进行设计。

（1）每张原皮的质量、形状均不等，在裁剪时只能一块块取料，同时在排料时还要尽可能避开并合理的利用原皮上的伤残，提高皮革的使用率，这是皮革材料不同于其他材料的关键之处。

（2）每张原皮的各个部位质量不等，有时差别较明显，故在选材料时要根据服装的主次部分选配皮张相应的主次部位，这是皮革服装质量好坏的关键。

（3）皮革服装的设计不像普通服装那样自由，任意表现设计意图，其设计的选型、风格、结构等必须根据皮张的形状、大小、外观肌理、材料质感来确定。有的皮张开张很小，制成服装后分割线较多，这就需要让分割既合理又充分表达艺术的美感，克服皮革原材料的局限性，巧妙用分割使款式增加新意，变被动为主动。这需要设计师具备一定的经验和较深的艺术造诣。

（4）皮革服装属于高档服装，在款式设计及工艺制作上都要考虑使其流行的时间长一些，工艺制作精致讲究一些，让皮革服装从质上真正达到较高水平标准。

2. 皮革材料的服装搭配设计

皮革服装设计不仅注重款式的设计，同时也注重材料本身的设计，这就牵涉材料的肌理、材料的不同工艺处理以及材质的搭配。

（1）同种材料因鞣制工艺不同而出现材料肌理的变化。利用这种肌理差异搭配形成浑然一体、复杂、深沉、含蓄、自由多变的风格，如牛皮正面革与牛皮反绒革搭配，牛皮正绒革或与牛皮正面革、牛皮轻磨革、牛皮磨砂革搭配，猪皮正面革与猪皮反绒革、猪皮压花印花革与猪皮正面革相搭配。同种材料之间的搭配一般容易统一，可利用不同的色泽、色彩以及外表的肌理做不同的变化搭配，如亮光皮与乌光皮配，表面凹凸不平的与光洁的皮相配，不同色彩的深浅、色相的变化配制都能丰富皮革服装的外观，表现出错综复杂、新奇的设计情感。

（2）不同材料的互相搭配。利用材料的不同特点风格进行搭配，主要形式有以下几种。

①皮革与针织面料搭配。针织面料特有的舒适、粗犷、随意的风格，与皮革搭配后更显出皮革服装的潇洒、休闲的风格。

②皮革与普通面料搭配。皮革与普通面料的搭配主要是与毛呢类、粗仿类搭配，这可增强皮革服装厚重、温暖的感觉。搭配部分一般在肩部、袖部、前胸等处。

③皮革与毛皮搭配。与其搭配的毛皮常见有蓝狐、水貂、羊羔毛等，这使皮革服装更具雍容华贵的风格，是众多人追求高贵品位的高档服装，更是社会整体经济水平提高的反映。搭配的部位一般在领子、袖口、下摆、门襟以及其他部分。总体来讲，不同材料的配制要注意材料之间的风格通融性，色彩互为统一，厚度接近一致。在搭配过程中，还要注意搭配面积的大小、部位，要有一个主体材料，其余为辅料，作为陪衬或点缀。做到整体协调即可，在搭配设计中要有新意。

3. 皮革服装的制作

（1）若皮子不够平整或不够大时（差的不太多），可以先将温水喷在皮子的底板上，然后放在木板上，按所需的形状用小钉子在边缘处钉好，待晾干后即平整了，也伸大定型了。

（2）每张原皮的质量、形状均不等，需要根据服装样板大小进行选料、配色，尽可能使一件服装上所用皮革的质地、色泽一致。在裁剪时只能一块块取料，并要对正皮革纹路，同时在排料时还要尽可能避开并合理利用原皮上的伤残，提高皮革的使用率，这是皮革材料不同于其他材料的关键之处。

（3）皮革服装的缝制可以采用手缝或机缝，手缝多用于制装时的绷缝，而衣片的缝合、饰线、面与里料的缝合等，都以机缝效果为好，可以得到平整的外观。适用于皮革缝纫的针的前部横截面呈三棱形，因而起针后不损伤革面，拆去缝线后不留针眼。缝合宜采用 14 号针，50tex 线，线迹密度在 3~4 针 /cm，缉装饰线 2~3 针 /cm。缝合处经过熨烫压平可获得整齐的外观。在皮革入型、裁剪后需要进行整烫定型，可以在革的反面用熨斗干熨，熨斗温度在 90~100℃较适宜。

【课后练习】

1. 毛皮和皮革都可用于制作服装。通常把鞣制后的动物毛皮称为_____，而把经过加工处理的光面或绒面皮板称为_____。

2. 毛皮由_____和_____组成，_____密不透风，_____的毛绒间可以存留空气，从而起到保存热量的作用，是防寒服装的理想材料。

3. _____位居国际毛皮市场三大支柱之首，有毛皮之王的美称。

4. 服装革有_____面革和_____面革两种。_____指保留并使用动物皮本来表面（生长毛或鳞的一面）的皮革，也叫全粒面革；_____是革面经过磨绒处理的皮革。

5. 绵羊革与山羊革的区别是：_____粒面细致光滑，_____毛孔清楚，革质有弹性。

6. 常见的人造皮革有_____和_____两类。

7. _____用聚氨酯树脂（PU）涂覆在机织底布、针织底布或非织造布上，具有一定的透气性能，在吸湿性与通透性方面有所改善。

8. 鉴定毛皮的毛绒质量时，要一_____、二_____、三_____、四_____。

9. 是_____标志，佩挂该标志的产品必须是由_____制作而成。

10. 真皮革中表面明显呈三点组成一小撮的独特风格的是_____革，_____革毛孔几根排成一组，花纹特点如"水波纹"状。

11. 毛皮制品有哪些类？各有什么特点？

12. 目前市场上有很多的仿毛皮服装，可以通过哪些方法来鉴别？

13. 毛皮和皮革材料的服装制作时应注意哪些问题？

14. 人造革同天然皮革相比有哪些特点？

15. 真假皮革的鉴别方法有哪些？

16. 合成皮革有哪些特点？

17. 比较猪革、牛革、羊革在外观特点、服用性能及用途上有何不同。

【课后实践】

随着社会科学技术的发展，人造皮革技术也日趋成熟，产品质量上也大大提高，特别是仿真皮方面，可以达到以假乱真的效果，而且在服用性能上，如透气性、弹性，甚至是手感和外观上等方面都与天然皮革相似。请同学们结合课上的知识，在掌握天然皮革与人造皮革的纹路、性能，并结合日常的服装性能，通过一些简单易操作的方法来鉴别真假。

项目七　针织服装的面辅料选用

✿ 项目导入

××针织服装有限公司有一批服装订单（仿样加工），其中包括T恤衫、POLO衫、毛衫、内衣等针织服装，需要采购面辅料，制订用料清单，并标明面辅料使用的工艺要点。

✿ 项目目标

1. 能够根据不同的针织服装订单要求，运用织物风格特性，在市场挑选能体现各类针织服装款式效果的面辅料。

2. 掌握常见T恤、POLO衫、毛衫、内衣等针织服装面辅料特性及要求。

3. 知道常见T恤、POLO衫、毛衫、内衣等针织服装原料、规格对价格的影响。

4. 了解面辅料性能对T恤、POLO衫、毛衫、内衣等针织服装加工、使用的影响。

任务7-1　常见针织服装面辅料挑选

✿ 关键词

T恤衫、POLO衫、毛衫、内衣、黏合衬、树脂衬、纽扣、商标。

✿ 任务描述

1. 目的：能够根据不同类别的针织服装订单要求，运用织物风格特性，在市场挑选能体现不同类别服装款式效果的面辅料。

2. 要求：学生4人一组，研究针织服装样衣的类别，判定每种类别样衣都用了哪些材料，记录下来；对照不同类别样衣照片，讨论不同类型的针织服装在用料上会有什么不同；根据不同类别的针织服装，分别选择一款样衣，从面料小样中挑选合适的面辅料。

3. 地点：一体化教室。

4. 备用材料：上课前需准备多种风格、材质的面料，各种衬料、纽扣等各若干。

5. 教学建议：老师模拟面料市场采购现场，以"做、讲、评、辩"的方式，按分组挑选→展示→各组相互评价→小组自辩→讨论分析→重新挑选→认知实践的步骤进行教学。

针织服装是按服装材料的织造方式区分的服装类别之一。由针织面料制作的和用针织方法直接编织成形的服装统称为针织服装。针织服装的分类方式较多，没有一个固定的标准，一般可按针织的生产方式分为裁片类针织服装和成形类针织服装两大类。裁片类针织服装有内外衣、T恤衫、POLO衫、运动休闲装、时装等，成形类针织服装有针织毛衫等。按照服装穿着用途，针织服装分为内衣、外衣、毛衫和配件四大类。按原料类别，针织服装分为棉、毛、丝、麻、化纤、混纺和交织类针织服装等。

针织服装具有透气性好、延伸性好以及穿着舒适性好等特点，一直受到市场的追捧。针织面料的线圈结构能保持较多的空气，因此透气性、吸湿性和保暖性都比较优良，使服装穿着时具有很好的舒适感。针织服装弹性好，而且能朝各个方向拉伸，伸缩性很大，因此针织服装手感柔软，穿着时很适体，能很好地显示人体的线条起伏，运动机能好，不妨碍身体的运动。现代针织面料向多样化、多功能化、高档化发展，各种肌理效应、不同功能的新型针织面料的开发应用给针织品带来前所未有的感官效果和视觉效果，使得针织服装已经成为服装领域中的奇葩。

针织服装设计是将服装面料确定为针织面料的服装设计。针织面料是服装材料中极具个性特色的类别，在结构、性能、外观及生产方式等方面都与机织面料不同，因而在服装设计方面既可采用一般服装的设计方法，又可以采用一些与机织面料不尽相同的造型、结构设计、装饰和工艺方法。其生产方式灵活多样，很适合工艺生产，而且种类繁多，设计手法多样。款式、色彩和面料是服装设计的三大要素。针织服装的款式设计依据要看采用什么面料和技术。设计原则是实用、舒适、美观和经济，这几者的合理组合能够满足消费者的需求。同时，面料是色彩的载体，针织服装款式的简洁性决定了针织服装款式变化的因素转向局部和面料的花色风格上，表现为以面料组织变化展开的款式设计和面料设计。设计针织服装结构时一定要注意其面料特点，扬长避短，充分利用和表现面料的材质，将面料的特性与服装款式、结构的设计有机结合，利用合理的成衣工艺和装饰手法使设计的产品综合表达出服装的实用功能和装饰效果。

一、针织服装面料

针织是利用织针将纱线编织成线圈并相互串套而形成针织物的一种方法。根据编织方法不同，有纬编针织物和经编针织物之分。纬编针织物是由一根（或几根）纱线沿纬向顺序逐针形成的针织物，如图7-1所示。经编针织物是由一组（或几组）纵向平行排列的纱线同时沿经向喂入织针而形成的针织物，如图7-2所示。

纬编针织面料常以低弹涤纶丝或异形涤纶丝、锦纶丝、棉纱、毛纱等为原料，采用平针组织、罗纹组织、双罗纹组织、提花组织、衬垫组织、毛圈组织等，在各种纬编机上编织而成。它的品种较多，一般有良好的弹性和延伸性，织物柔软，坚牢耐皱，毛型感较强，且易洗快干。但织物不够挺括，且易于脱散、卷边，化纤面料易于起毛、起球、钩丝，吸湿性差。

经编针织面料常以涤纶、锦纶、维纶、丙纶等合纤长丝为原料，也有用棉、毛、丝、麻、化纤及其混纺纱作原料织制的。它具有纵向尺寸稳定性好，织物挺括，脱散性小，不会卷边，透气性好等优点，但其横向延伸、弹性和柔软性不如纬编针织物。

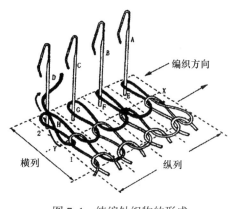

图 7-1 纬编针织物的形成

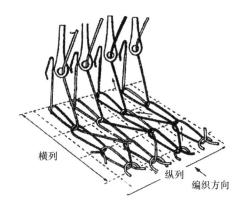

图 7-2 经编针织物的形成

二、常见针织服装的种类及对面辅料要求

1. 内衣（Underwear）

内衣，实质为紧贴肌肤或与肌肤比较接近穿着的服装，是针织服装生产中数量最多的品种。随着科技的发展和人们要求的提高，内衣品质的要求除美观外，更注重舒适性、健康性、功能性和环保性。常见的针织内衣如图 7-3 所示。

（1）内衣用料及要求。由于针织面料弹性和伸缩性强，不妨碍人体活动，是理想的内衣材料。材料选用上注重柔软、吸湿、透气、无静电、贴体、保暖，这些性能主要与织物组织和材料有关，一般选用纯天然纤维，或与少比例的化学纤维混纺、交织，以满足人体生理卫生需要和服用要求。夏季内衣面料

图 7-3 常见的针织内衣

有纯棉汗布、绒布、真丝汗布等。冬季内衣面料多采用保暖性优良的原料和组织结构，如棉毛布、罗纹布、莱卡棉针织布等。针织内衣面料在具备舒适性的基础上适当考虑耐磨、保形、免烫等功能。近年来，新型纤维材料的不断问世与应用，对现有纺织原料的改性变形处理以及纺纱技术的日益进步，为针织内衣产品的设计与开发提供了更多选择，如罗布麻、彩棉竹浆纤维、莫代尔 (Modal)、莱赛尔 (Lyocell) 等。

作为贴身穿着的内衣，功能化、高档化的要求日益强烈。其功能性主要体现在保健、抗菌、保暖、导湿、抗辐射、塑形美体等方面。如今高档内衣已不以款式和花色好、结构好、手感好、做工好去衡量，更看重的是材料好、面料好、辅料好、染料好，一定要有塑形、舒适、透气、吸湿、透湿、抗菌保健等优越性能。

针织内衣常用的基本组织有纬平针组织、罗纹组织、双反面组织，以及这些组织的变化组织——变化纬平针组织、双罗纹组织等。其性能和用途见表 7-1。

表 7-1　针织基本组织性能与用途

组织名	主要特性	主要用途
纬平针组织	延伸度好，且横向大于纵向，易卷边，易脱散	用做贴身内衣、运动内衣
罗纹组织	延伸度好，且横向大于纵向，易脱散	用做贴身内衣，领口、袖口等边口部位
双罗纹组织	尺寸稳定性好，不卷边，不易脱散	用做秋冬贴身内衣、运动内衣
双反面组织	延伸度好，且纵向大于横向，易卷边，易脱散	用于普通内衣

针织内衣常用的花色组织包括色彩花纹和结构花纹，以及同时具有色彩花纹和结构花纹或者具有多种花纹效应的结构花纹，如集圈组织、提花组织等。针织面料的花色组织的性能和用途见表 7-2。

表 7-2　针织花色组织性能与用途

组织名	主要特性	主要用途
提花组织	横向延伸性小，脱散性较小。织物厚度增加，平方米重量较大。有良好的花色效应，美观大方	用做时尚贴身内衣、运动内衣
集圈组织	单面集圈组织可使织物表面形成花纹、色彩、网眼及凹凸效应等，厚度增大，宽度增加，长度缩短，脱散性减少，织物横向延伸性较小。因线圈大小不均匀，表面凹凸不平，织物强力较低，耐磨性较差，易勾丝和起毛起球。脱散性小	用做时尚贴身内衣、运动内衣
衬垫组织	织物表面平整、织物的横向延伸性较小，织物尺寸稳定性好。织物强力较大，脱散性小，牢度较好。坯布整理过程中对露在织物反面的浮线（毛圈）进行拉毛，使衬垫纱成为短绒状，增加织物的厚度，具有良好的保暖性	起绒针织布手感柔软，质地丰厚、轻便保暖、舒适感强。用做秋冬贴身内衣、运动内衣
毛圈组织	具有良好的保暖性和吸湿性，产品柔软、厚实、弹性、延伸性较好。由于毛圈纱与地纱一起参加编织成圈，故毛圈固着性好。毛圈较长的织物还可以通过剪毛形成天鹅绒织物，富丽、豪华、轻薄、柔软、悬垂性好	广泛用于睡衣、浴衣家居内衣

（2）内衣的种类及对面辅料要求。内衣的主要功能是保暖、吸汗、保护人的体肤以及避免弄污外衣等。随着人们生活水平的提高，现代的内衣还要求能调整人体体型、起某些装饰和保健作用，因此内衣的概念已经发生了很大变化，除了一般的贴身内衣外，还分出补整内衣、装饰内衣、塑身内衣和练功衣等。文胸的主要用料如图 7-4 所示。

图 7-4　文胸的主要用料

①贴身内衣。

a. 汗衫、背心、汗裤（三角裤）。其应具有良好的吸湿性和弹性，一般采用纯棉 18.2tex 以下纱、真丝等天然纤维或混纺纱织成的平汗布、网眼布等制作（图 7-5~ 图 7-7）。

图 7-5　男士汗衫裤套装　　　　　图 7-6　背心情侣套装　　　　　图 7-7　女式三角裤

b. 棉毛衫裤。它多为秋冬季穿用，起吸湿保暖作用。原料以棉、化纤或两者混纺交织成的中特纱织物为主，以纬编居多，横向弹性较好。织物品种有双罗纹、平针提花、彩条等（图 7-8、图 7-9）。

图 7-8　无缝内衣套装　　　　　　　图 7-9　棉毛衫裤套装

c. 绒衫裤。它是单面起绒的保暖服装，俗称卫生衫裤。它一般采用中特棉纱作正面，粗特棉纱作反面，也有用化纤纯纺或混纺为原料的。它分薄绒和厚绒两种，用一根中特纱或粗特纱做里的为薄绒，用两根粗特纱做里的为厚绒。图 7-10 所示为男士绒衫裤套装。

②补整内衣及塑身内衣。补整内衣及塑身内衣起源于 20 世纪 30 年代初，具有协调皮肤运动机能以及弥补体形上的缺陷、塑造形体的矫形功能，其主要品种有胸罩、塑腰、束腰、裙撑、

垫子等（图 7-11~ 图 7-14）。弹性针织面料是制作矫形内衣的首选材料，特别是采用超细纤维生产的面料，质地细密柔软、导湿性好，能紧贴肌肤、调整、约束肌肉的位置。

图 7-10　男士绒衫裤套装　　　　图 7-11　女式文胸套装　图 7-12　女士矫形内衣装

图 7-13　女式矫形无缝内衣套装　　　　　图 7-14　女式束腰装

　　a. 装饰内衣。装饰内衣在欧美长盛不衰，它是由传统的女性内衣发展而来，但两者又有明显的区别。装饰内衣款式上更具有时装化，在用途上更具有多样化。装饰内衣首先在形式上突破了传统女内衣只能贴身穿着的局限，它以连身内衣、吊带内衣为基础，衍生出各种款式，可称得上是风情万种、"含露得体""动静有度"。其主要包括衬裙、睡裙、喇叭形内裤等。

　　b. 现代家居服。现代家居服指在家中休息、操持家务、会客等场合穿着的一种服装。其特点是面料舒适，款式繁多，行动方便。由睡衣演变而来的家居服扩大了穿着的范围。家居服因家居文化的需求而产生，包括传统的穿着于卧室的睡衣和浴袍、性感吊带裙，包括现在可以体面会客的家居装、可以入得厨房的工作装、可以出户到小区散步的休闲装等（图 7-15~图 7-18）。

图 7-15　女式吊带衬裙

图 7-16　女式睡裙套装

图 7-17　女式毛巾浴袍

图 7-18　男式浴袍

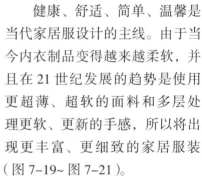

　　健康、舒适、简单、温馨是当代家居服设计的主线。由于当今内衣制品变得越来越柔软，并且在 21 世纪发展的趋势是使用更超薄、超软的面料和多层处理更软、更新的手感，所以将出现更丰富、更细致的家居服装（图 7-19~ 图 7-21）。

2. T 恤衫

　　T 恤衫最初是翻领内衣，后来逐渐发展到外衣，包括各式各样的 T 恤汗衫和 T 恤衬衫两个系

图 7-19　女式家居裙

图 7-20　绒家居连衣裤

图 7-21　珊瑚绒家居套装

列。T恤衫具有衬衫与汗衫双重功能。

（1）T恤衫用料及要求。T恤衫是用于公众场合穿着的舒适、轻松、随意、时尚、个性的服装。由于T恤衫的风格特性不同，在选用面料时的要求也有所不同。T恤衫面料选用一般应该从面料的材质、性能、风格等方面考虑。通常，面料应以舒适、轻盈、柔软、悬垂、质朴的风格为主，因此T恤衫所用的纤维原料很广泛，天然纤维和化学纤维的材料均可采用。其中，天然纤维的面料穿着舒适性好，但是在抗皱性、款式造型的稳定性等方面的性能较化学纤维的面料差。T恤衫一般

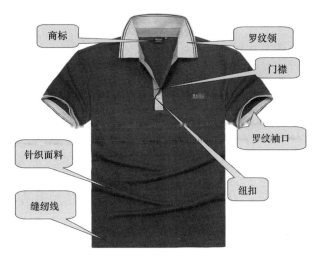

图7-22　T恤衫的主要用料

采用棉、麻、毛、丝、化纤及其混纺织物，尤以纯棉、麻或麻棉混纺面料为佳，具有透气、柔软、舒适、凉爽、吸汗、散热等优点。T恤衫所使用的主要材料如图7-22所示。

（2）T恤衫的种类及对面辅料要求。T恤衫一般有短袖、长袖、无袖、有领、无领等款式。按照T恤衫的色彩图案构成方法有印花、色织、刺绣等。市场上较受欢迎的转移印花T恤衫因其图案具有凹凸立体感，主要用在文化衫上，其造型活泼动感十足，受年轻人和喜爱艺术人士的钟爱。高档T恤衫的风格以端庄、典雅、沉稳为主，深受成功男士的青睐。女士T恤衫多采用各种艳丽色彩与图案，使用突出女性身材与线条的款式，充分展示女性的风韵。

常见T恤衫可分为以下三类。

① 普通T恤衫。普通T恤衫（图7-23）起初是内衣，实际上是翻领半开领衫，后来才发展到外衣。它一般以纯棉或棉与化纤混纺材料为多，具有透气、柔软、舒适、凉爽、吸汗、散热等优点。

② POLO衫。POLO衫（图7-24）原称作网球衫，是一种有领运动衫。因为打网球时挥

图7-23　普通T恤衫

图7-24　POLO衫

动球拍上半身会不断扭转，所以 POLO 衫的设计以不用扎进裤子里为前提，做出了后长、前短、且侧边有一小截开口的下摆。此种下摆设计使穿着者在坐下时，也能避免一般 T 恤衫因前摆过长而皱起来的情况。

POLO 衫的款式如同衬衫，但又比衬衫更具变化性。通过选择不同的颜色、不同图案的 POLO 衫，可以方便地搭配各种下装，自由地出席任何场合。不管是成熟的、活泼的、或是个性的，都可以搭配出属于自己的风格，所以 POLO 衫永远都是男士的最爱。

③ 时装 T 恤衫。由于 T 恤衫是人们在各种场合都可穿着的服装，款式上略有变化就可成为时装。如在 T 恤衫上作适当的装饰，即可增添无穷的韵味。采用油性签字在浅色的 T 恤衫上用英文字母或汉语拼音字母写上自己或心中偶像的名字，也可画上几笔简单而充满情趣的简笔画，显得潇洒而别致。也可采用五彩毛线在 T 恤衫的两只袖上挑出斑斑点点的小碎花或是简单的几何图形，显得别有情趣。还可以把两件花色迥然不同的 T 恤衫纵向剪成两半，互换后再拼缝起来，可形成特殊的风格。把传统的 T 恤衫设计成裙式、不对称式等，可显得活泼可爱，充满浪漫主义的情调。通过各种加工制作和装饰手法可使 T 恤衫增添无穷的魅力和风格，既时尚又有趣，成为当今一大潮流，如图 7-25 所示。

图 7-25 时装 T 恤衫

3. 毛衫（Sweater）

针织毛衫指以羊毛、羊绒、兔毛等动物毛纤维为主要原料纺成的纱线、腈纶等毛型化纤纱、棉线及麻等纱线直接编织成形的针织服装。其主要特点是延伸性强、弹性好，能紧贴人体，又不妨碍人体运动，且具有良好的柔软性和保暖性，因而穿着舒适，服用性能优良。

（1）毛衫用料。毛衫的主要用料如图 7-26 所示。

（2）毛衫的种类。一般毛衫可按以下方式进行分类。

①按使用原料分类。按使用原料分类，毛衫主要分为纯毛、毛与化纤混纺、纯化纤或交织类毛衫。纯毛衫有纯羊毛衫、羊绒衫、兔毛衫、驼绒衫、马海毛毛衫；纯化纤常见腈纶衫；混纺毛衫大多用毛腈或毛粘混纺纱编织而成；交织类可分为羊毛腈纶、兔毛腈纶、羊毛棉纱交织衫等。图 7-27 所示为不同材料的毛衫。

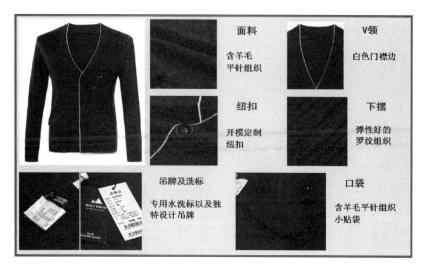

图 7-26 毛衫的主要用料

图 7-27 不同材料的毛衫

②按纺纱工艺分类。按纺纱工艺分类,毛衫可分为精梳类、粗梳类、花式纱毛衫。图 7-28 所示为不同纺纱工艺的纱线编织的毛衫。

③按产品款式和穿着对象分类。按产品款式,毛衫可分为开衫、套衫、背心、裙类。按穿着对象,毛衫可分为男式、女式、童式毛衫。

④按织物组织分类。按织物组织分类,毛衫一般分为平针、罗纹、畦编、波纹、网眼、绞花、提花、四平、鱼鳞、扳花、挑花、绞花等。图 7-29 所示为不同组织编织的毛衫。

⑤按生产设备分类。毛衫产品一般有圆机产品和横机产品两种。 圆机产品适用于中低档原料,产量高。横机产品适用于中高档原料,产量低。

⑥按修饰花型和整理工艺分类。按修饰花型和整理工艺,毛衫可分为印花、绣花、贴花、扎花、珠花、盘花、拉毛、缩绒、镶皮、浮雕等。

拉毛毛衫是将已织成的毛衫衣片经拉毛工艺处理,使织品的表面拉出一层均匀稠密的绒

图 7-28　不同纺纱工艺纱线编织的毛衫

图 7-29　不同组织编织的毛衫

毛。拉毛毛衫手感蓬松柔软，穿着轻盈保暖。缩绒毛衫又称缩毛毛衫、粗纺羊毛衫，一般都需经过缩绒处理。经缩绒后毛衫质地紧密厚实、手感柔软、丰满，表面绒毛稠密细腻，穿着舒适保暖。浮雕毛衫是毛衫中艺术性较强的新品种，是将水溶性防缩绒树脂在羊毛衫上印上图案，再将整体毛衫进行缩绒处理，印上防缩剂的花纹处不产生缩绒现象，织品表面就呈现出缩绒与不缩绒凹凸为浮雕般的花型，再以印花点缀浮雕，使花型有强烈的立体感，花型优美雅致，给人以新颖醒目的感觉。

除以上工艺以外，扎花、贴花、珠花、盘花、镶拼等各种装饰手法广泛运用于现代毛衫中，使毛衫产品呈现出独特而有魅力的现代时装。图7-30所示为不同装饰工艺手段编织的毛衫。

【延伸阅读】羊毛衫和羊绒衫

1. 羊毛衫

羊毛衫是用针织绒线织成的产品。针织绒线有纯毛和纯腈纶等品种，是由两根单纱并拢而成。细羊毛纺成的绒线细而柔软，质量比较好，与羊绒衫难以区别，甚至会误认为是羊绒衫。

（1）羊毛衫看商标：纯羊毛应有纯羊毛标志，混纺产品应有羊毛含量标志，否则可认为是假货；

（2）查质感：真羊毛衫质地柔软，富有弹性，手感好，保暖性也好，假羊毛衫则差；

（3）燃烧检验：有烧焦羽毛的气味，灰烬用

图 7-30　不同装饰工艺手段编织的毛衫

手指一压即碎，就是纯羊毛，如灰烬压不碎、结块，则是化纤织物；

（4）摩擦静电检查:将其在纯棉衬衣上相互摩擦 5min，然后迅速脱离，如无"啪啪"响声，是真，有响声甚至带有静电火花的，则为化纤织物。

2. 羊绒衫

羊绒衫是用山羊绒纺成的毛纱而织成的产品。由于山羊绒纤维比细羊毛短，比细羊毛还细，因而一般纺成 4.9~7.3tex(80~120 英支) 的细毛纱，所以其织品特别柔软，具有很好的保暖性和弹性，穿着使人感到特别舒适。加入少量锦纶后，羊绒衫更加耐磨。

羊绒衫的价格以含羊绒的克数论价，再加上制作羊绒衫需要多道工艺处理，因此一般含绒量 95% 的羊绒衫价格约为千元，售价两三百元的根本不可能是真的羊绒衫。质量好的羊绒衫在灯光下看光泽柔和，表面还有一层薄薄的细绒。用手触摸，羊绒富有弹性，手感丰厚而柔和，用手握紧随即放开，羊绒能够自然恢复原状，与人体皮肤接触时没有刺痒感。要辨别羊绒衫的原料是否为羊绒，需要比对纤维在显微镜下的鳞片排列和结构。对于广大消费者来说，最方便的办法就是在正规商场购买品牌产品，而不是在小店购买价格过低的产品。选购时要注意检查商品的商标、吊牌、合格证等是否齐全，仔细检查其吊牌上标写的羊绒含量。

【岗位对接】羊绒衫品牌

1. 鄂尔多斯羊绒衫 (十大羊绒衫品牌，鄂尔多斯)。
2. 马克希蒙 MACKSEMON 羊绒衫 (十大羊绒衫品牌，马克希蒙 MACKSEMON)。
3. 鳄鱼恤羊绒衫 (十大羊绒衫品牌，鳄鱼恤)。
4. 恒源祥 HYZ 羊绒衫 (十大羊绒衫品牌，恒源祥 HYZ)。
5. 荣仕雅 rosyear 羊绒衫 (十大羊绒衫品牌，荣仕雅 rosyear)。
6. 鄂尔多斯奥群羊绒衫 (十大羊绒衫品牌，鄂尔多斯奥群)。
7. 七匹狼 SWJEANS 羊绒衫 (十大羊绒衫品牌，七匹狼 SWJEANS)。
8. 劲霸男装 K-Boxing 羊绒衫 (十大羊绒衫品牌，劲霸男装 K-Boxing)。
9. 与狼共舞 D-wolves 羊绒衫 (十大羊绒衫品牌，与狼共舞 D-wolves)。
10. 杰克琼斯 Jack Jones 羊绒衫 (十大羊绒衫品牌，杰克琼斯 Jack Jones)。

任务 7-2　针织服装的常用面料及选择

✽ 关键词

汗布、棉毛布、罗纹布、珠地网眼布、提花布、毛圈布、绒布、毛巾布。

✽ 任务描述

1. 目的:认识各种针织服装常用面料结构与特点，能根据针织服装种类进行面料的选择。

2. 要求：学生 2~4 人一组，针对老师所发教学资料，学习各类面料的特点；每组同学选择一种针织服装，尝试选择两种可用的面料，写出选择的理由，并测试这两种面料的成分与克重。最后完成表 7-3。

3. 地点：一体化教室。

4. 备用材料：上课前需准备：汗布、棉毛布、罗纹布、珠地网眼布、提花布、毛圈布、绒布、毛巾布织物各若干。

表 7-3　面料成分与规格测试单

针织服装种类	面料实物粘贴	面料名称	选择该面料的理由	面料成分	面料克重

5. 教学建议：老师以"教、学、做"一体化的方式来教学。

针织物是由纱线弯曲成线圈互相串套而成的，因线圈串套方式不同，可形成不同组织、不同风格的针织面料。与机织面料相比，针织面料具有手感柔软、吸湿透气、富有弹性及色彩鲜艳、花型美观等优点。针织面料根据其织造特点分为纬编面料与经编面料两大类。其品种按用途分有内衣面料、外衣面料、衬衣面料、裙子面料和运动衣面料；按布面形态分有平面面料、绉面面料、毛圈面面料、凹凸花面料等；按花色分有素色面料、色织面料、印花面料等；针织面料的颜色分漂白、浅色、深色、闪色与印花等。

针织物可使用天然纤维、化学纤维及混纺纤维，可以应用不同种类的纱线在各种不同的针织设备上编织，采用各种不同的组织结构并可以进行多种多样的后整理，因而可形成多种多样的肌理效应，如平坦的、凹凸的、网孔的、波纹的、轧花的、彩色的，具有闪光感的、丝绒感的、呢绒感的、仿裘皮、皮革的，厚重的、轻薄的等，可谓丰富多彩，变化万千。再加上针织面料本身的舒适性，与要表现的服装时尚结合在一起，更能增添针织服装的艺术魅力。

针织服装面料的选择应根据不同的服装种类，选择不同原料和组织的针织物以体现服装款式和功能的特点。如普通内衣应选择吸汗、透湿，柔软舒适的天然纤维纱线编织的平针组织或罗纹组织面料；装饰内衣除要选择舒适面料，更重要的是考虑面料的审美特征，如花边或经编衬纬花色组织的面料；制作外衣，就应选择尺寸稳定性好，比较挺括的经编、纬编提花织物或复合织物等。

此外，还可以开展各种不同质地和风格的针织或其他面料的混合设计，以满足消费者个性化的需要。

一、纬编面料

纬编面料（Weft Knitted Fabric）质地柔软，具有较大的延伸性、弹性以及良好的透气性。根据不同的原料而表现出各异的风格和服用特点，适用面很广，但挺括度和稳定性不及经编面料好。

纬编面料使用原料广泛，有棉、麻、丝、毛等各种天然纤维及涤纶、腈纶、锦纶、纬纶、丙纶、氨纶等化学纤维，也有各种混纺纱线。

1. 汗布（Single Jersey）

由纬平针组织形成的织物统称为汗布，纬平针组织如图 7-31 所示。其布面光洁、质地细密、轻薄柔软，但卷边性、脱散性严重。汗布的原料有棉纱、真丝、苎麻、腈纶、涤纶等纯纺纱线或涤棉、涤麻、棉腈、毛腈等混纺纱线，还有采用棉麻混纺纱为原料的。编织纬平针组织的羊毛衫常用羊毛、羊绒、兔毛、羊仔毛、驼绒、牦牛绒等纯纺毛纱与毛腈等混纺毛纱原料。

(a) 正面　　　　　(a) 反面

图 7-31　纬平针组织

汗布一般用来制作汗衫、背心、T 恤衫、衬衣、裙子、运动衣裤、睡衣、衬裤、平脚裤等。

汗布按原料可分为真丝汗布、腈纶汗布、涤纶汗布、苎麻汗布、大麻汗布等，混纺汗布常见有涤棉混纺、涤麻混纺汗布、棉麻混纺汗布等；也可按印染方式分为漂白、烧毛丝光汗布，彩横条汗布等。图 7-32 所示为几种不同的汗布。

纯毛汗布　　　　　色织汗布　　　　　涤纶弹力单面提花汗布

图 7-32　几种不同的汗布

2. 衬垫面料（Laying-in Knitwear）

衬垫面料是在织物中衬入一根或几根衬垫纱的衬垫组织针织物，是花色针织物的一种。衬垫织物的横向延伸性较小，厚度增加，因衬垫纱较粗，所以织物的反面较粗糙。添纱衬垫组织及其面料分别如图 7-33 和图 7-34 所示。

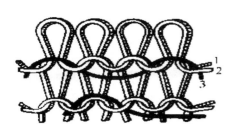

图 7-33　添纱衬垫组织　　　　　图 7-34　添纱衬垫面料

编织衬垫面料的地纱一般为中特棉纱、腈纶纱、涤纶纱或混纺纱，衬垫纱一般用较粗的毛纱、腈纶纱或混纺纱。衬垫面料针织物可用来缝制春秋内衣、运动衣、外衣、劳动服（防滑衣）等，经过拉绒后可以形绒布。

3. 绒布（Flannelette）

绒布是指织物的一面或两面覆盖着一层稠密短细绒毛的针织物，是花色针织物的一种。绒布分单面绒和双面绒两种。单面绒通常由衬垫针织物的反面经拉毛处理而形成。双面绒一般是在双面针织物的两面进行起毛整理而形成的。

绒布具有手感柔软、织物厚实、保暖性好等特点。所用原料种类很多，底布通常用棉纱、混纺纱、涤纶纱或涤纶丝，起绒通常用较粗的棉纱、腈纶纱、毛纱或混纺纱等。绒布应用较广，可用来缝制冬季的绒线裤、运动衣和外衣等。图7-35 所示为不同品种的绒布。

4. 毛圈面料（Knitted Terry Fabric）

毛圈面料是指织物的一面或两面有环状纱圈（又称毛圈）覆盖的毛圈组织形成的针织物，是花色针织物的一种。其特点是手感松软、质地厚实，有良好的吸水性和保暖性。

毛圈面料有单面毛圈织物和双面毛圈织物之分。毛圈在针织物表面按一定规律分布就可形成花纹效应。毛圈针织物如经剪毛和其他后整理，便可获得针织绒类织物。图7-36 和图7-37 所示为毛圈组织。

毛圈面料所用的原料，通常是地纱用涤纶长丝、涤棉混纺纱或锦纶丝，毛圈纱用棉纱、腈纶纱、涤棉混纺纱等。图7-38 所示为法国毛圈布。

毛圈面料可分为单面毛巾布（图7-39）、双面毛巾布、提花毛巾布（图7-40）。

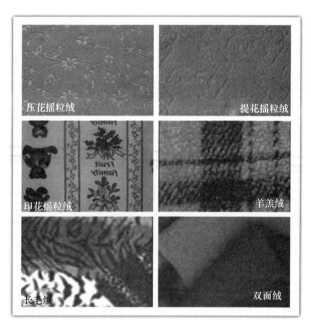

图 7-35　不同品种的绒布

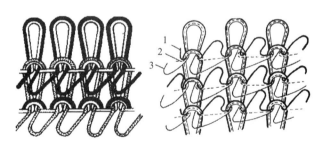

图 7-36　单面毛圈组织　　图 7-37　双面毛圈组织

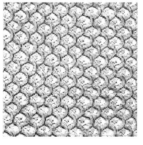

图 7-38　法国毛圈布　　图 7-39　单面毛巾布

5. 天鹅绒面料（Knitted High-pile Fabric）

天鹅绒面料是毛绒针织物的一种，是毛圈组织通过剪毛形成的织物，织物表面被一层起绒纱段两端纤维形成的直立绒毛所覆盖。天鹅绒（图7-41）面料手感柔软，织物厚实，绒毛紧密而直立，色光柔和，织物坚牢耐磨。天鹅绒面料也可将起绒纱按衬垫纱编入地组织，并经割圈而形成。这种生产方法毛纱用量少，手感柔软，应用较多。天鹅绒面料可制作外衣、裙子、旗袍、披肩、睡衣等。

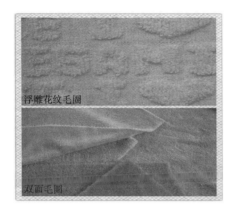

图 7-40　提花毛巾布

图 7-41　天鹅绒

6. 罗纹面料（Knitted Rib Fabric）

罗纹面料是由正面线圈纵行和反面线圈纵行以一定形式组合相间配制而成的罗纹组织针织物。罗纹面料在横向拉伸时具有较大的弹性和延伸性，坯布裁剪时不会出现卷边现象，能逆编织方向脱散。图7-42所示为1+1罗纹组织。

罗纹面料由于具有非常好的延伸性和弹性，卷边性小，而且顺编织方向不会脱散，它常被用于要求延伸性和弹性大、不卷边等地方，如袖口、裤脚、领口、袜口、衣服的下摆等以及羊毛衫的边带，也可作为弹力衫、裤的面料。

罗纹面料主要有罗纹空气层组织和点纹组织等。点纹罗纹面料有瑞士式和法国式等。图7-43所示为花色罗纹面料。

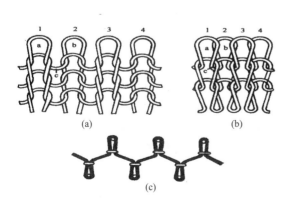

图 7-42　1+1 罗纹组织

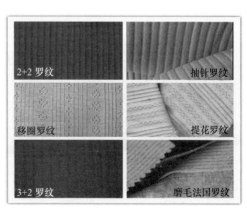

图 7-43　花色罗纹面料

187

7. 棉毛布（Interlock Fabric）

棉毛布即双罗纹组织针织物，是由两个罗纹组织彼此复合而成的针织物。该织物手感柔软、弹性好、布面匀整、纹路清晰，稳定性优于汗布和罗纹布，常用来缝制秋冬内衣、T恤衫、运动衣裤等。图7-44所示为双罗纹组织。

当采用不同的色纱、不同的方法上机编织棉毛布时，可以编织出纵条花纹、横条花纹和纵条花纹相配合形成的方格花纹、跳棋花纹等多种花纹。另外，在上针盘或下针筒上某些针槽中不插针，可形成各种纵向凹凸条纹，俗称抽条棉毛布。法兰绒面料（Knitted Flannel Fabric）是指用两根涤腈混纺纱编织的棉毛布。混色纱常采用散纤维染色，主要是黑白混色配成不同深浅的灰色或其他颜色。法兰绒适宜缝制针织西裤、上衣和童装等。图7-45所示为花色棉毛布。

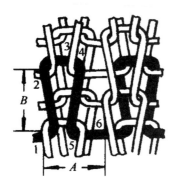

图7-44　双罗纹组织线圈结构图

图7-45　花色棉毛布

8. 花色针织面料（Knitted Fancy Fabric）

花色面料是采用提花组织、胖花组织、集圈组织、波纹组织等在织物表面形成花纹图案、凹凸、孔眼、波纹等花色效应的针织物，有单面、双面及色织花色针织物。图7-46所示为花色针织面料。

图7-46　花色针织面料

9. 衬经衬纬针织面料（Knitted Warp And Weft Insertion Fabric）

衬经衬纬针织面料较多在纬平针组织的基础上编织，衬入不参加成圈的纬纱和经纱而形成的。图 7-47 所示为衬经衬纬组织。

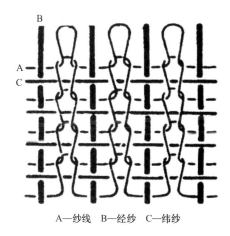

A—纱线　B—经纱　C—纬纱

图 7-47　衬经衬纬组织

二、经编面料

经编针织面料（Warp Knitted Fabric）常以涤纶、锦纶、丙纶等合纤长丝为原料，也有用棉、毛、丝、麻、化纤及其混纺纱作原料织制的。普通经编织物常以编链组织、经平组织、经缎组织、经斜组织等单梳经编组织为基础构成常用的双梳和多梳经编织物。双梳组织是由两组纱线织成，每个线圈都由两根纱线构成，线圈稳定，不歪斜，不易脱散。多梳经编组织是利用两把梳栉编织地组织，使坯布具有所需的物理力学性能，而其余的梳栉以部分穿经的方式，在地组织上形成花纹，被称为绣纹。梳栉数越多，在织物上就可以形成更多样、更复杂的花纹。花式经编织物种类很多，常见的有网眼织物、毛圈织物、褶裥织物、长毛绒织物、衬纬织物等。因此，在经编机上利用梳栉带空穿、穿纱不同、各梳之间对纱位置不同、垫纱运动变化以及附加一些衬纬纱线等方式可以获得多种花色组织。

经编织物具有纵向尺寸稳定性好，织物挺括，脱散性小，不会卷边，透气性好等优点，横向延伸、弹性和柔软性不如纬编针织物。常见经编面料的特性及用途如下所述。

1. 涤纶经编面料（Polyester Warp Knitted Fabric）

涤纶经编面料是用相同旦数的低弹涤纶丝织制，或以不同特数的低弹丝作原料交织而成。常用的组织为经平组织与经绒组织相结合的经平绒组织。织物再经染色加工而成素色面料。花色有素色隐条、隐格、素色明条、明格，素色暗花、明花等。这种织物的布面平挺，色泽鲜艳，有厚型、中厚型和薄型之分。薄型的面料主要用作衬衫、裙子面料；中厚型、厚型的面料则可用作男女大衣、风衣、上装、套装、长裤等面料。

2. 经编起绒织物（Warp Knitted Raised Loop Velour）

经编起绒织物常以涤纶丝或粘胶丝等作原料，采用编链组织与变化经绒组织相间织制。面料经拉毛工艺加工后，外观似呢绒，绒面丰满，布身紧密厚实，手感挺括柔软，织物悬垂性好，织物易洗、快干、免烫，但在使用中静电积聚，易吸附灰尘。其主要用于制作冬令男女大衣、风衣、上衣、西裤等面料。图 7-48~ 图 7-50 所示为绒类经编织物。

3. 经编网眼织物（Warp Knitted Eyelet Fabric）

经编网眼织物是以合成纤维、再生纤维、天然纤维为原料，采用变化经平组织等织制，在织物表面形成方形、圆形、菱形、六角形、柱条形、波纹形的孔眼。孔眼大小、分布密度、分布状态可根据需要而定。服用网眼织物的质地轻薄，弹性和透气性好，手感滑爽柔挺，主要用作夏令男女衬衫面料等。图 7-51 所示为部分经编网眼布。

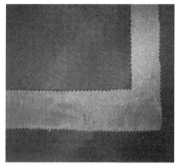

图7-48　经编麂皮绒、烫金、印花　　　　图7-49　经编金光绒　　　　　　图7-50　经编平绒

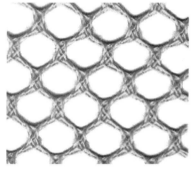

图7-51　经编网眼布

4. 经编丝绒织物（Warp Knitted Velvet Fabric）

经编丝绒织物是以再生纤维或合成纤维和天然纤维作底布用纱，以腈纶等作毛绒纱，采用拉舍尔经编织成由底布与毛绒纱构成的双层织物，再经割绒机割绒后，成为两片单层丝绒。按绒面状况，其可分为平绒、条绒、色织绒等，各种绒面可同时在织物上交叉布局，形成多种花色。图7-52和图7-53所示为丝绒织物，表面绒毛浓密耸立，手感厚实丰满、柔软、富有弹性，保暖性好。其主要用作冬令服装、童装面料。

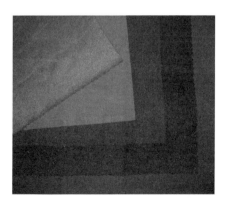

图7-52　经编丝光绒　　　　　　　　　　图7-53　经编条绒

5. 经编毛圈织物（Warp Knitted Terry Fabric）

经编毛圈织物是以合成纤维作地纱，棉纱或棉、合纤混纺纱作衬纬纱，以天然纤维、再生纤维、合成纤维作毛圈纱，采用毛圈组织织制的单面或双面毛圈织物。这种织物的手感丰满厚实，布身坚牢厚实，弹性、吸湿性、保暖性良好，毛圈结构稳定，具有良好的服用性能，主要用作运动服、翻领 T 恤衫、睡衣裤、童装等面料。图 7-54 所示为经编毛圈织物。

6. 经编提花织物（Warp Knitted Jacquard Fabric）

经编提花织物常以天然纤维、合成纤维为原料，在经编针织机上的织制的提花织物。织物经染色、整理加工后，花纹清晰，有立体感，手感挺括，花型多变，悬垂性好，主要用作妇女的外衣、内衣面料及裙料等。图 7-55 所示为经编提花面料。

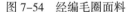

图 7-54　经编毛圈面料

图 7-55　经编提花面料

如今，针织面料已向纤维原料的多样化、质地高档化方向发展，利用各种差别化纤维和染整新技术设计创新的仿丝、仿麻、仿毛和人造毛皮等仿真面料；利用细特、精梳纯棉原料生产的高档丝光烧毛新型面料；利用不同纤维吸湿、透气性能不同而创新设计生产的各种功能性服装面料；以及利用先进的后整理技术生产的具有不同性能、不同用途的面料（如用液氨整理、亲水剂、柔软剂整理、涂层整理等创新开发的许多新颖面料）都相继投入生产，为针织服装的产品类别提供了更广阔的空间。

三、针织服装辅料

针织服装的辅料除了梭织服装具有的扣紧材料、缝纫线、衬料、装饰材料、包装材料及标志说明外，在领口、下摆、袖口、裤口部位通常采用与主料薄厚相当且区别于主料组织的工艺处理，常用的有罗纹组织等。辅料也指面料以外的服装构成材料，如各种里衬料、衬垫、缝线、花边、装饰用袋、拉链、纽扣、搭扣、各种钩环、挂牌、商标等，甚至还包括服装的各种包装、衬填及装饰材料。

1. 缝制针织服装的缝纫线

（1）棉线：棉线一般由精梳棉纱合股而成，强力好，伸长率低，耐热性好，有较好防静电性，可缝性好，但缩水率较高，色牢度较差，主要用于缝制棉针织服装。

（2）涤纶线：有涤纶短纤维线和涤纶长丝线两大品种。强力大，有很好的回弹性，洗后缩率小，耐磨耐腐蚀等，用途较广。

（3）锦纶线：主要用于缝制弹性针织物。

（4）涤棉混纺线：强力好、吸湿、收缩率低、价格低廉，广泛应用于针织内衣缝制种。

（5）包芯线：新型的复合缝纫线，一般以强力高或弹性好的化纤纱线作芯线，外面包覆棉、毛、麻等天然纤维纱线，以提高外观效果和耐热性，起到扬长避短的作用。

（6）绣花线：起装饰作用。目前用得最多的是人造丝绣花线，色泽艳丽，色牢度好。

2. 罗纹辅料

罗纹的编织是筒状编织，不同部位所需罗纹长度用针数来体现，裁剪所需宽度得到的即是不需接缝的筒状罗纹辅料。也可通过切条机截取所需罗纹宽度的办法，然后根据部位裁剪所需长度再缝合处理。罗纹领、袖口如图 7-56 所示。

3. 横机领辅料

横机领是 T 恤衫的专用领型，它是采用专用横机进行编织的成型产品，根据所需要的领宽和领长在编织时设置分离横列，下机后拆散分离横列而成。为了款式上的统一，一般袖口形式与领子相一致。横机领如图 7-57 所示。

图 7-56 罗纹领、袖口

图 7-57 横机领

横机领结构是翻领形式，领长依据人体颈围尺寸来确定，或量取领窝的长度。一般成人领长为 36~44cm，领宽为 8cm(含缝份) 左右。与横机领配套的横机袖口，长度依据袖口宽度规格确定，短袖横机袖口宽度一般为 3.5cm(含缝份) 左右，长袖横机袖口宽度一般为 6cm(含缝份) 左右。

4. 各类衬垫材料

针织服装（特别是针织外衣）所用针织面料的最大特点是多向伸长性。所以，选择和使用与针织面料特性相似或者相同的黏合衬成为针织外衣（服装）的首选条件。选用与针织面料同样伸缩特性的衬布不仅要考虑针织面料黏合后的挺括性，而且出于设计造型的需要必须固定和补强时，还要求使用与针织面料伸缩不同的组织相对稳定的针织衬，由此控制其面料的活动。例如，针织宽松套装的衣领和袖口以使用不易伸缩的机织或非织造黏合衬效果更好。根据针织服装的设计目的和服装面料的特性，区别地选用针织用衬是一大关键。所选用的黏合衬不同，则针织面料黏合后的活动性能也各不相同。选衬时需谨慎考虑这些变化，做出准确的选择。

针织衬对应于针织面料和针织服装的特性，应具备符合针织服装需要的性能和质量，其内在质量要求如下：随动（伸缩）性、富于弹性、坚牢度大、防脱散、卷边、透气、吸湿性、手感柔软、不易剥离、可缝性好、洗涤后不易变形。此外，还应该具备抗静电、抗菌、低甲醛、保健等性能。

【岗位对接】来单设计和创新设计

针织服装的设计分为来样来单设计和创新设计。来样来单设计是指设计人员根据客户提供的成衣样品或成衣订单进行的产品设计。设计人员必须对成衣样品或订单进行认真分析研究，掌握其原料品种、纱线规格、坯布组织和规格（密度、平方米克重、厚度等）、成衣规格尺寸、款式特点、缝制加工方法等，在此基础上进行反复试制，以确保设计生产的服装能符合来样的标准和订单要求。创新设计是指设计人员根据市场考察和本企业的市场定位，综合考虑针织服装的穿着对象、穿着目的、服装风格、色彩、款式造型特点、针织原料和坯布品种以及缝制工艺等多方面因素而进行的从原料选择、坯布组织选择设计、光坯料规格设计、成衣规格设计到样衣纸样设计的全过程。

【课后练习】

1. 浴衣应选用下列哪种面料最合适 （ ）
   A. 深色棉毛布　　　B. 涤纶提花织物　　　C. 浅色纯棉毛巾布　　　D. 涤棉汗布

2. 下列面料中比较适合于儿童内衣的是 （ ）
   A. 棉汗布　　　　　B. 真丝汗布　　　　　C. 锦纶汗布　　　　　D. 涤纶汗布

3. POLO衫的设计特点是便以不用扎进裤子里为前提，做出了 （ ）
   A. 后长、前短，且侧边有一小截开口的下摆
   B. 后短、前长，且侧边有一小截开口的下摆
   C. 前后一样长，且侧边有一小截开口的下摆

4. 胸罩的里料，选用以下哪种材料较好 （ ）
   A. 非织造衬　　　　B. 棉汗布　　　　　C. 涤棉绒布　　　　　D. 毛圈布

5. POLO衫的领子一般使用哪种材料较多 （ ）

A．机织面料　　　　B．POLO衫大身面料　C．相同材料横机领

6．毛针织物在熨烫时需要垫湿布熨烫，主要原因是　　　　　　　　　　（　　）

A．防收缩　　　　B．防止纤维变脆　　　C．以免产生极光　　　D．防烫焦

7．下列关于装饰材料的描述错误的是　　　　　　　　　　　　　　　（　　）

A．装饰材料与服装被装饰部分协调相称，是指装饰材料和手法与服装整体的协调一致。

B．服装面料必须与装饰材料的颜色相同。

C．服装装饰材料的质料要与面料相匹配。

D．任何服装的装饰部分都在于突出服装的特性，装饰总是使服装符合现代的潮流的一个重要部分。

8．下列织物中，最适合制作泳装的是　　　　　　　　　　　　　　　（　　）

A．汗布　　　　　B．弹力经编布　　　C．棉毛布　　　　D．天鹅绒

☞ **课外思考**

某公司要为公司销售员工订制一套T恤衫，要求能符合员工的穿着特点。若让你来争取这一订单，请你从面料的原料、色彩、装饰及服用性能出发，制订你的面辅料选择方案。

参 考 文 献

[1] 姚晓林，黄静芳. 丝光棉针织恤面料设计 [J]. 国际纺织导报，2008（1）.

[2] 赵展谊. 针织工艺概论 [M]. 2 版. 北京：中国纺织出版社，2007.

[3] 贺庆玉. 针织概论 [M]. 2 版. 北京：中国纺织出版社，2003.

[4] 许瑞超. 针织技术 [M]. 上海：东华大学出版社，2009.

[5] 贺庆玉，熊宪. 针织服装设计与生产 [M]. 北京：中国纺织出版社，2007.

[6] 丁钟复. 羊毛衫生产工艺 [M]. 2 版. 北京：中国纺织出版社，2008.

[7] 李世波，金惠琴. 针织缝纫工艺 [M]. 2 版. 北京：中国纺织出版社，2001.

[8] 李志慧. 浅析 T 恤面料的应用 [J]. 山东纺织经济，2011（7）.

[9] 颜晓茵. 添加装饰设计对毛衫风格的影响 [J]. 毛纺科技，2013（9）.

[10] 颜晓茵，邵灵玲. 应用于功能性针织内衣的新型纤维 [J]. 浙江纺织服装职业技术学院学报，2010（2）.

[11] Sonia Boriczewski, Textiles 1+2: students book, Lasalle–dhu International Design college, march, 2002.

[12]《织物词典》编辑委员会. 织物词典 [M]. 北京：中国纺织出版社，1996.

[13] 陈琦，徐燕，侯经初，等. 毛纺织品手册 [M]. 北京：中国纺织出版社，2001.

[14] 李桂珍. 麻纺织品手册 [M]. 北京：中国纺织出版社，2003.

[15] 濮微. 服装面料与辅料 [M]. 北京：中国纺织出版社，1998.

[16] 滑钧凯. 纺织产品开发学 [M]. 北京：中国纺织出版社，1997.

[17] 吴震世. 新型面料开发 [M]. 北京：中国纺织出版社，1999.

[18] 周璐瑛. 现代服装材料学 [M]. 北京：中国纺织出版社，2000.

[19] 朱松文. 服装材料学 [M]. 2 版. 北京：中国纺织出版社，1996

[20] 郑佩芳. 服装面料及其判别 [M]. 上海：中国纺织大学出版社，1994.

[21] http://www.texnet.com.cn [OL]. 中国纺织网.

[22] http://www.texmarket.com.cn [OL]. 中国纺织服装网.

[23] http://cn.cl2000.com/ [OL]. 世纪在线中国艺术网.

[24] http://www.yifu.com/ [OL]. 中国服装网.

[25] 吴微微，全小凡. 服装材料及其应用 [M]. 浙江：浙江大学出版社，2000.

[26] 马大力. 服装材料选用技术与实务 [M]. 北京：化学工业出版社，2005.

[27] 刘国联. 服装材料学 [M]. 上海：东华大学出版社，2006.

[28] 缪秋菊，刘国联. 服装面料构成与应用 [M]. 上海：东华大学出版社，2007.